9까지의 수 모으기

# 콩은 모두 몇 개일까요?

◎ 콩의 수만큼 ◯를 따라 그리고 모으기를 해 봅시다.

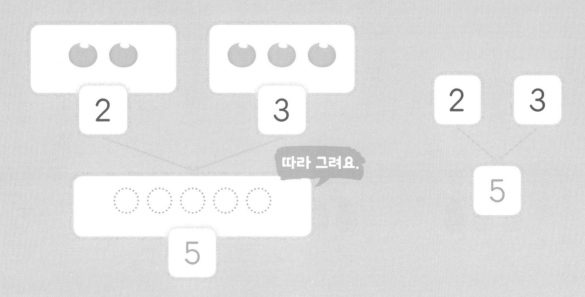

2          3

2          3

따라 그려요.

◯ ◯ ◯ ◯ ◯

5

5

콩은 모두 ☐ 개입니다.

**1** 알맞은 수만큼 ◯를 그리고 모으기를 해 보세요.

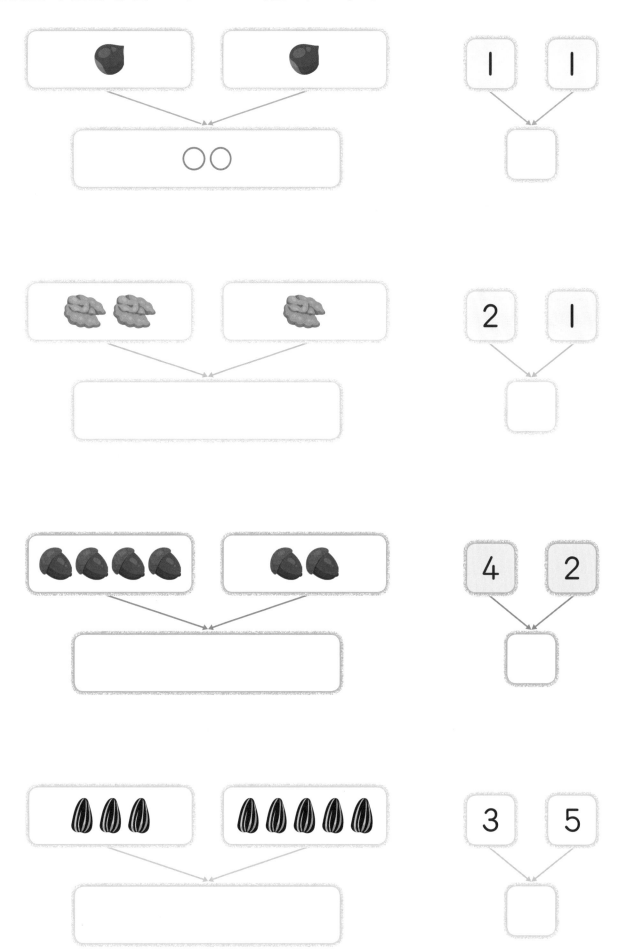

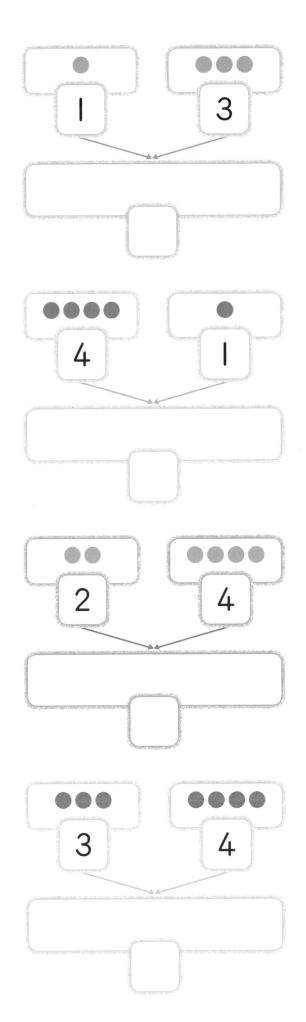

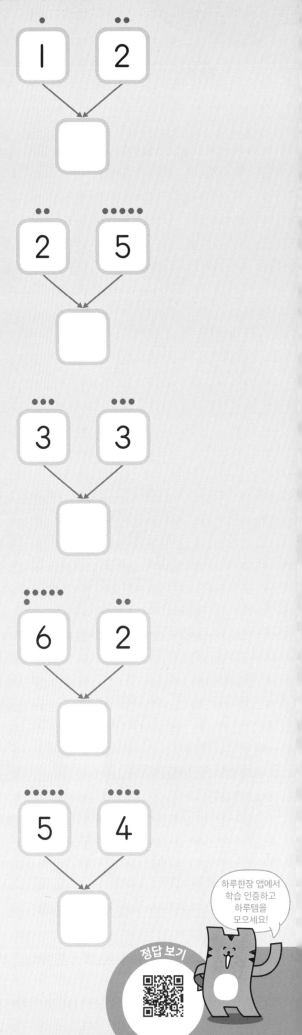

◎ 모아서 8이 되는 두 수끼리 선으로 이으면 어떤 숫자가 만들어지는지 써 보
세요.

9까지의 수 가르기

# 모자를 쓴 어린이는 몇 명일까요?

◎ 모자를 쓴 어린이 수만큼 ◌를 따라 그리고 가르기를 해 봅시다.

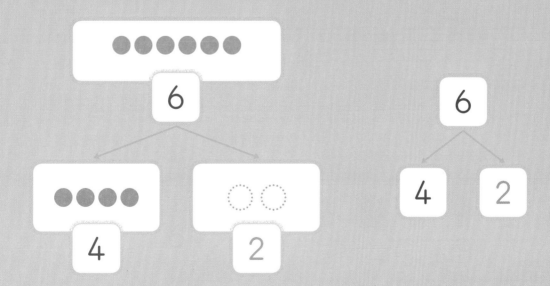

모자를 쓴 어린이는 ☐ 명입니다.

**1** 알맞은 수만큼 ○를 그리고 가르기를 해 보세요.

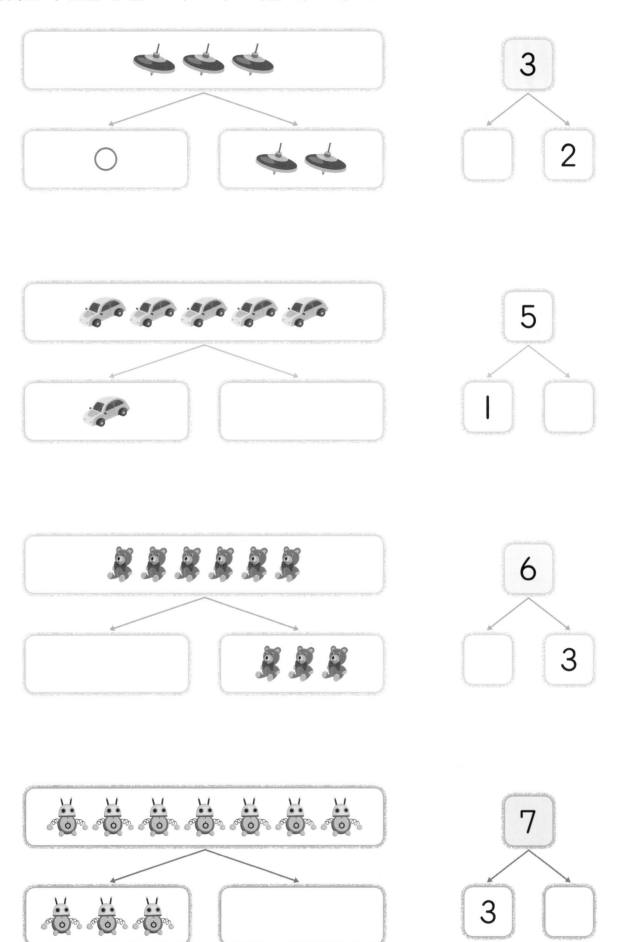

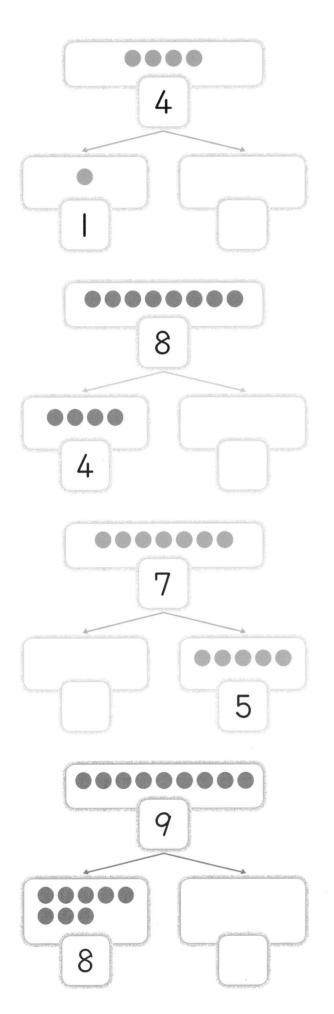

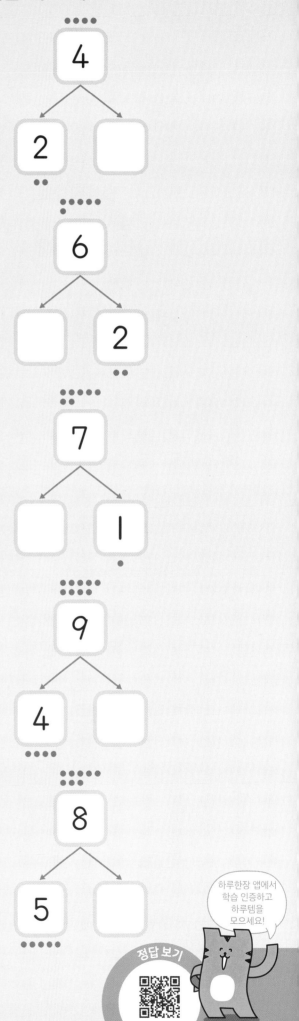

◎ 위에 있는 쌓기나무의 수를 두 수로 가르기를 하고 있어요. 빈 곳에 알맞은 수를 써 보세요.

# 사자는 모두 몇 마리일까요?

◎ 엄마, 아빠 사자 2마리와 아기 사자 4마리가 있어요. 사자의 수만큼 ○를 따라 그리고 덧셈을 해 봅시다.

**덧셈식 쓰기**   $2 + 4 = \boxed{6}$   더하기는 ＋로, 같다는 ＝로 나타내요.

**덧셈식 읽기**
┌ 2 더하기 4는 $\boxed{6}$ 과 같습니다.
└ 2와 4의 합은 $\boxed{6}$ 입니다.

**1** 알맞은 수만큼 ○를 그리고 덧셈을 해 보세요.

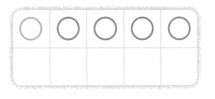

$1 + 4 =$ ☐

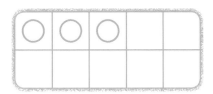

$3 + 4 =$ ☐

$2 + 7 =$ ☐

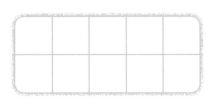

$5 + 3 =$ ☐

**2** 그림을 보고 덧셈식을 써 보세요.

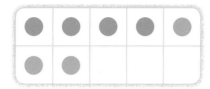

$$\boxed{4} + \boxed{3} = \boxed{\phantom{0}}$$

●의 수　　●의 수

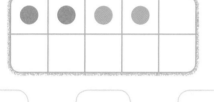

$$\boxed{\phantom{0}} + \boxed{\phantom{0}} = \boxed{\phantom{0}}$$

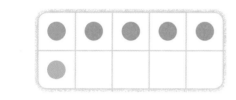

$$\boxed{\phantom{0}} + \boxed{\phantom{0}} = \boxed{\phantom{0}}$$

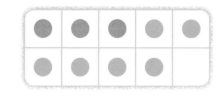

$$\boxed{\phantom{0}} + \boxed{\phantom{0}} = \boxed{\phantom{0}}$$

**3** 덧셈을 해 보세요.

$$1 + 1 = \boxed{\phantom{0}}$$

$$2 + 3 = \boxed{\phantom{0}}$$

$$4 + 1 = \boxed{\phantom{0}}$$

$$5 + 2 = \boxed{\phantom{0}}$$

$$4 + 5 = \boxed{\phantom{0}}$$

$$6 + 2 = \boxed{\phantom{0}}$$

정답 보기

◎ 빨간색 선과 파란색 선에 달려 있는 모형의 수를 각각 구해 보세요.

빨간색 선 ➡ [ 3 ] + [  ] = [  ]

파란색 선 ➡ [ 2 ] + [  ] = [  ]

9까지의 수 더하기(2)

# 어린이는 모두 몇 명일까요?

◎ 놀이공원에 있는 어린이는 모두 몇 명인지 모으기를 하여 덧셈을 해 봅시다.

4명          3명

4   3

4 + 3 = 7

7

어린이는 모두 ☐ 명입니다.

**1** 모으기를 하여 덧셈을 해 보세요.

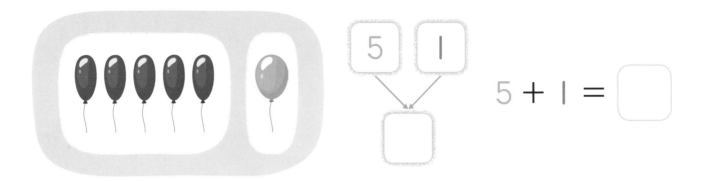

$5 + 1 =$ ☐

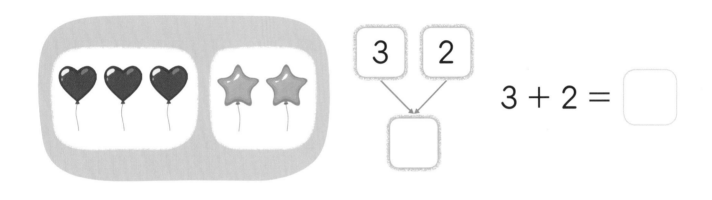

$3 + 2 =$ ☐

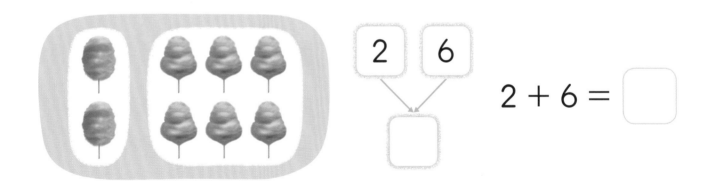

$2 + 6 =$ ☐

$5 + 4 =$ ☐

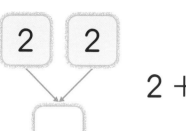

$2 + 2 =$ ☐

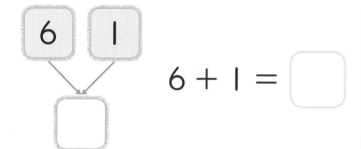

$6 + 1 =$ ☐

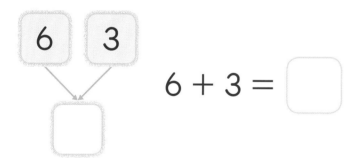

$6 + 3 =$ ☐

$4 + 4 =$ ☐

## 2 덧셈을 해 보세요.

$1 + 3 =$ ☐

$2 + 1 =$ ☐

$2 + 5 =$ ☐

$3 + 3 =$ ☐

$3 + 5 =$ ☐

$7 + 2 =$ ☐

정답 보기

◎ 수진이와 연호가 딴 사과와 배의 수의 합을 각각 구해 보세요.

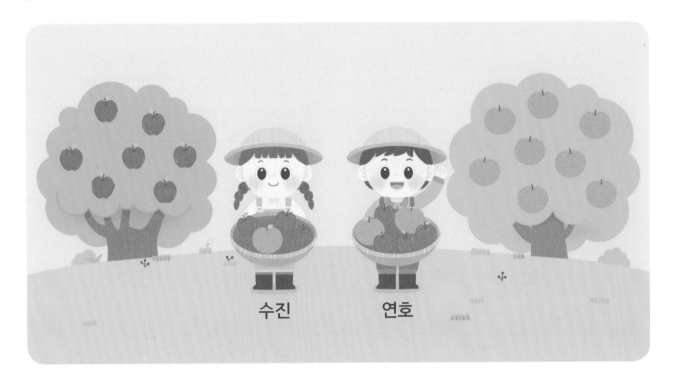

수진

$$3 + 1 = \boxed{\phantom{0}}$$

연호

$$4 + 2 = \boxed{\phantom{0}}$$

# 공주가 먹고 남은 사과는 몇 개일까요?

◎ 백설 공주가 먹은 사과 수만큼 ○를 / 으로 따라 지우고 뺄셈을 해 봅시다.

$$○ ○ ○ ⊘ ⊘$$

**뺄셈식 쓰기**  $5 - 2 = \boxed{3}$  ◁ 빼기는 ─로, 같다는 ═로 나타내요.

**뺄셈식 읽기**
┌ 5 빼기 2는 $\boxed{3}$ 과 같습니다.
└ 5와 2의 차는 $\boxed{3}$ 입니다.

**1** 먹은 과일의 수만큼 ╱으로 지우고 뺄셈을 해 보세요.

$2 - 1 =$ ☐

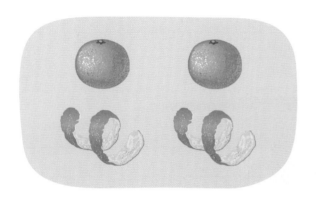

○ ○ ○ ○

$4 - 2 =$ ☐

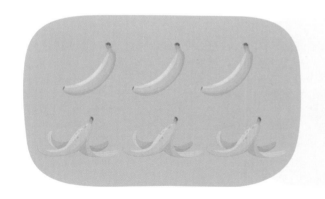

○ ○ ○ ○ ○ ○

$6 - 3 =$ ☐

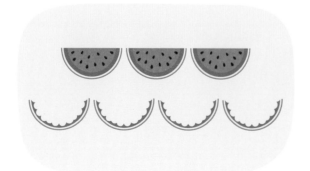

○ ○ ○ ○ ○ ○ ○

$7 - 4 =$ ☐

**2** 하나씩 짝 지어 보고 ☐ 안에 알맞은 수를 써넣으세요.

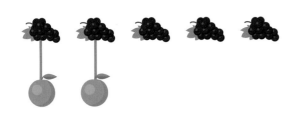

$$5 - 2 = \boxed{\phantom{0}}$$

$$6 - 5 = \boxed{\phantom{0}}$$

$$8 - 4 = \boxed{\phantom{0}}$$

$$9 - 3 = \boxed{\phantom{0}}$$

**3** 뺄셈을 해 보세요.

$$3 - 1 = \boxed{\phantom{0}}$$

$$4 - 1 = \boxed{\phantom{0}}$$

$$5 - 4 = \boxed{\phantom{0}}$$

$$6 - 2 = \boxed{\phantom{0}}$$

$$8 - 2 = \boxed{\phantom{0}}$$

$$9 - 7 = \boxed{\phantom{0}}$$

하루한장 앱에서 학습 인증하고 하루템을 모으세요!

정답 보기

◎ 피자 8조각이 있었어요. 그중 아기 돼지가 몇 조각을 먹었더니 6조각이 남았어요. 아기 돼지가 먹은 피자는 몇 조각일까요?

피자는 너무 맛있어!

$$8 - 6 = \boxed{\phantom{0}}$$

9까지의 수 빼기 (2)
# 남은 훌라후프는 몇 개일까요?

◎ 남은 훌라후프는 몇 개인지 가르기를 하여 뺄셈을 해 봅시다.

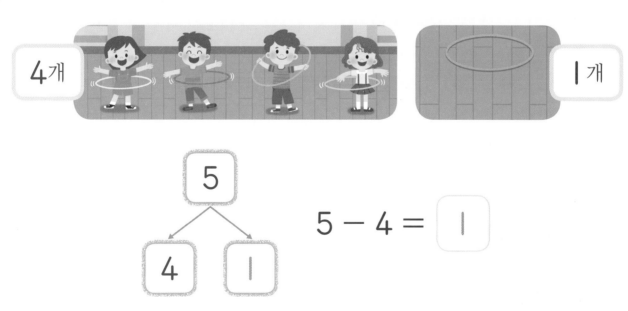

4개

1개

5

4   1

$5 - 4 = 1$

남은 훌라후프는 ☐ 개입니다.

**1** 가르기를 하여 뺄셈을 해 보세요.

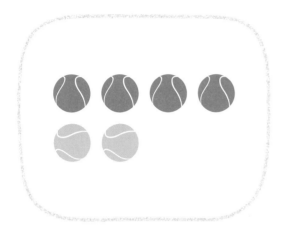

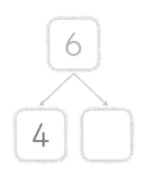

$6 - 4 = \boxed{\phantom{0}}$

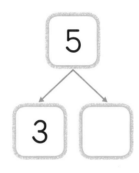

$5 - 3 = \boxed{\phantom{0}}$

7

3

$7 - 3 = \boxed{\phantom{0}}$

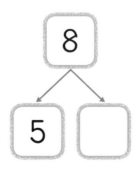

$8 - 5 = \boxed{\phantom{0}}$

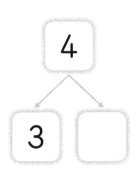

$$4 - 3 = \boxed{\phantom{0}}$$

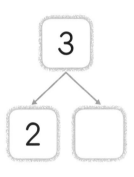

$$3 - 2 = \boxed{\phantom{0}}$$

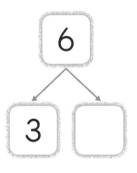

$$6 - 3 = \boxed{\phantom{0}}$$

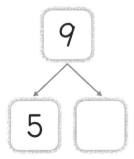

$$9 - 5 = \boxed{\phantom{0}}$$

**2** 뺄셈을 해 보세요.

$$4 - 2 = \boxed{\phantom{0}}$$

$$5 - 1 = \boxed{\phantom{0}}$$

$$7 - 6 = \boxed{\phantom{0}}$$

$$6 - 1 = \boxed{\phantom{0}}$$

$$7 - 5 = \boxed{\phantom{0}}$$

$$9 - 6 = \boxed{\phantom{0}}$$

'흥부와 놀부' 동화 그림을 보고 뺄셈을 해 보세요.

$$8 - 3 = \boxed{\phantom{0}}$$

흥부네 가족이 놀부네 가족보다 $\boxed{\phantom{0}}$ 명 더 많습니다.

$$5 - 4 = \boxed{\phantom{0}}$$

놀부네 박이 흥부네 박보다 $\boxed{\phantom{0}}$ 개 더 적게 열렸습니다.

(몇십)＋(몇)

# 마카롱은 모두 몇 개일까요?

◎ 주황색 마카롱 수만큼 △를 따라 그리고 덧셈을 해 봅시다.

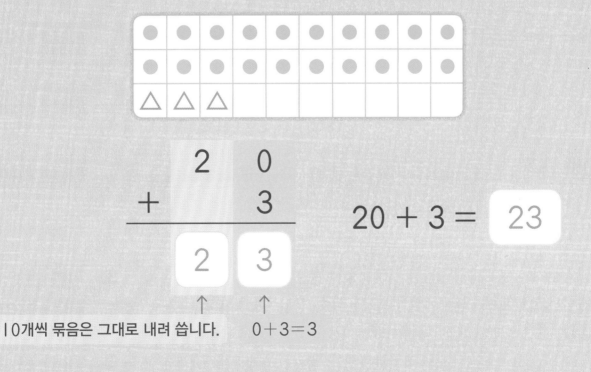

$$
\begin{array}{r}
2\ 0 \\
+\ \ \ \ 3 \\
\hline
2\ 3
\end{array}
$$

$20 + 3 = \boxed{23}$

10개씩 묶음은 그대로 내려 씁니다.     $0 + 3 = 3$

**1** 그림을 보고 덧셈을 해 보세요.

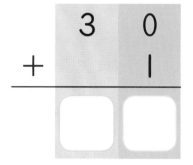

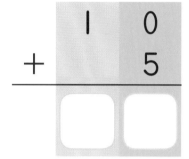

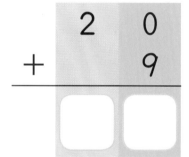

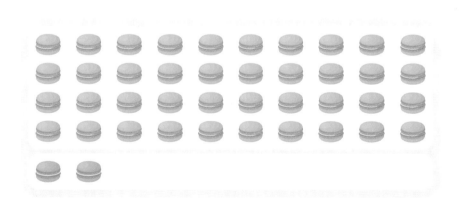

$$30 + 3 = \boxed{\phantom{00}}$$

$$50 + 4 = \boxed{\phantom{00}}$$

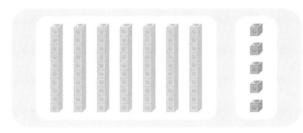

$$70 + 5 = \boxed{\phantom{00}}$$

$$7 + 60 = \boxed{\phantom{00}}$$

## 2 덧셈을 해 보세요.

$$\begin{array}{r} 1\ 0 \\ +\quad 6 \\ \hline \end{array}$$

$$\begin{array}{r} 7\ 0 \\ +\quad 9 \\ \hline \end{array}$$

$$\begin{array}{r} 8 \\ +\ 4\ 0 \\ \hline \end{array}$$

$$50 + 1 = \boxed{\phantom{00}}$$

$$80 + 7 = \boxed{\phantom{00}}$$

$$4 + 90 = \boxed{\phantom{00}}$$

하루한장 앱에서
학습 인증하고
하루템을
모으세요!

정답 보기

◎ 지윤이가 할머니 댁에 다녀와서 쓴 일기입니다. 덧셈을 하여 일기를 완성해 보세요.

2○○○년 ○월 ○일          날씨:

우리 가족은 오늘 할머니 댁에 갔다.

할머니 댁 마당에는
어미 닭 1마리와
병아리 10마리가 있었다.

1 + 10 = ◻

할머니께서 복숭아 30개와
옥수수 4개를 주셨다.

30 + 4 = ◻

# 여우가 딴 포도는 모두 몇 송이일까요?

공부한 날
월
일

◎ 분홍색 쟁반의 포도 수만큼 △를 따라 그리고 덧셈을 해 봅시다.

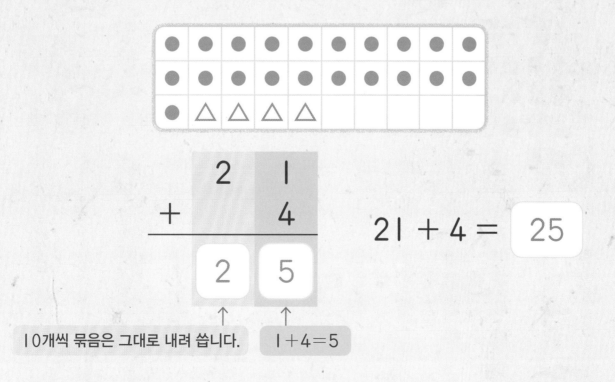

$$21 + 4 = \boxed{25}$$

10개씩 묶음은 그대로 내려 씁니다.     1 + 4 = 5

# 1 그림을 보고 덧셈을 해 보세요.

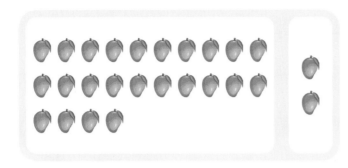 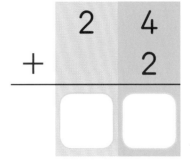

$$
\begin{array}{r}
  2\ 4 \\
+\ \ \ \ 2 \\
\hline
\square\ \square
\end{array}
$$

 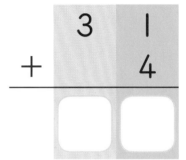

$$
\begin{array}{r}
  3\ 1 \\
+\ \ \ \ 4 \\
\hline
\square\ \square
\end{array}
$$

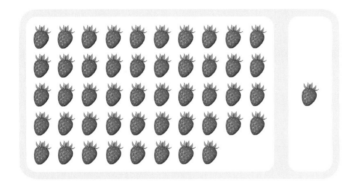

$$
\begin{array}{r}
  4\ 8 \\
+\ \ \ \ 1 \\
\hline
\square\ \square
\end{array}
$$

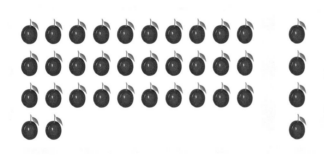

$$
\begin{array}{r}
  3\ 2 \\
+\ \ \ \ 4 \\
\hline
\square\ \square
\end{array}
$$

$$
\begin{array}{r}
\ \ \ \ 3 \\
+\ 2\ 3 \\
\hline
\square\ \square
\end{array}
$$

## 2 덧셈을 해 보세요.

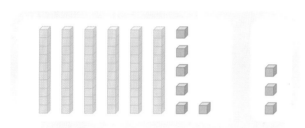

$47 + 1 =$ ☐

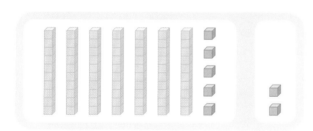

$66 + 3 =$ ☐

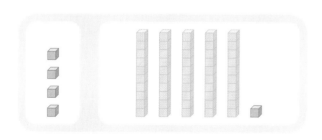

$75 + 2 =$ ☐

$$\begin{array}{r} 1\ 1 \\ +\quad 1 \\ \hline \end{array}$$

$$\begin{array}{r} 2\ 2 \\ +\quad 3 \\ \hline \end{array}$$

$$\begin{array}{r} 7 \\ +\ 8\ 1 \\ \hline \end{array}$$

$17 + 2 =$ ☐

$43 + 4 =$ ☐

$5 + 63 =$ ☐

$4 + 51 =$ ☐

◎ 합이 큰 순서대로 글자를 써 보세요.

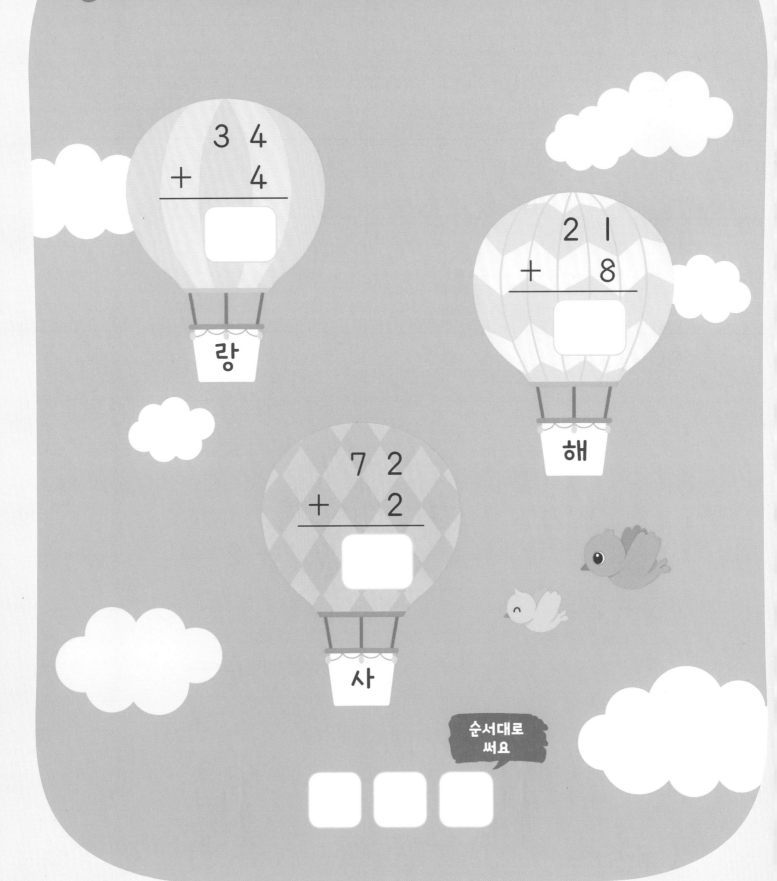

$$\begin{array}{r} 3\,4 \\ +\ \ 4 \\ \hline \end{array}$$

랑

$$\begin{array}{r} 2\,1 \\ +\ \ 8 \\ \hline \end{array}$$

해

$$\begin{array}{r} 7\,2 \\ +\ \ 2 \\ \hline \end{array}$$

사

순서대로
써요

(몇십)＋(몇십)
# 돈은 모두 얼마일까요?

◎ 토끼가 저금통에 넣으려는 돈은 모두 얼마인지 덧셈을 해 봅시다.

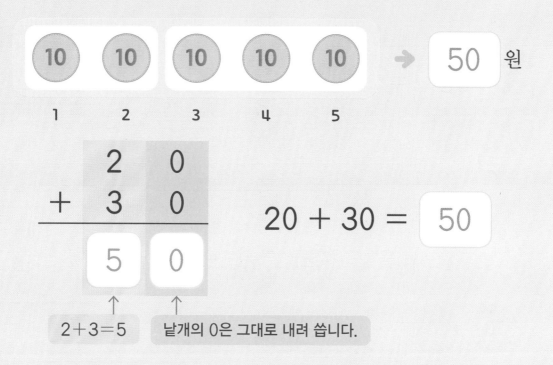

10  10   10  10  10   →  50 원
1    2    3    4    5

$$\begin{array}{r} 2\;0 \\ +\;3\;0 \\ \hline 5\;0 \end{array}$$

$20 + 30 = 50$

↑        ↑
2＋3＝5   낱개의 0은 그대로 내려 씁니다.

**1** 그림을 보고 덧셈을 해 보세요.

10          10   10

$$\begin{array}{cc} 1 & 0 \\ + \ 2 & 0 \\ \hline \square & \square \end{array}$$

10  10  10      10

$$\begin{array}{cc} 3 & 0 \\ + \ 1 & 0 \\ \hline \square & \square \end{array}$$

10  10      10  10

$$\begin{array}{cc} 2 & 0 \\ + \ 2 & 0 \\ \hline \square & \square \end{array}$$

10  10      10  10
10  10      10  10

$$\begin{array}{cc} 4 & 0 \\ + \ 4 & 0 \\ \hline \square & \square \end{array}$$

10  10  10      10  10
10  10          10

$$\begin{array}{cc} 5 & 0 \\ + \ 3 & 0 \\ \hline \square & \square \end{array}$$

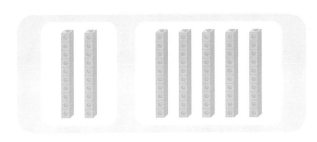

20 + 50 = ☐

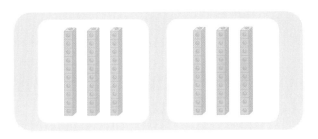

30 + 30 = ☐

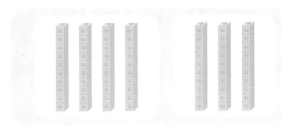

40 + 30 = ☐

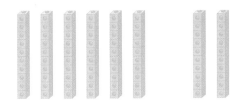

60 + 20 = ☐

## 2 덧셈을 해 보세요.

$$\begin{array}{r} 4\ 0 \\ +\ 1\ 0 \\ \hline \end{array}$$

$$\begin{array}{r} 3\ 0 \\ +\ 4\ 0 \\ \hline \end{array}$$

$$\begin{array}{r} 6\ 0 \\ +\ 3\ 0 \\ \hline \end{array}$$

10 + 10 = ☐

50 + 10 = ☐

40 + 50 = ☐

하루한장 앱에서
학습 인증하고
하루템을
모으세요!

정답 보기

◎ 아기 사슴이 엄마 사슴을 찾아가려고 해요. 계산 결과를 바르게 따라가서
   엄마 사슴을 만날 수 있게 선을 그어 보세요.

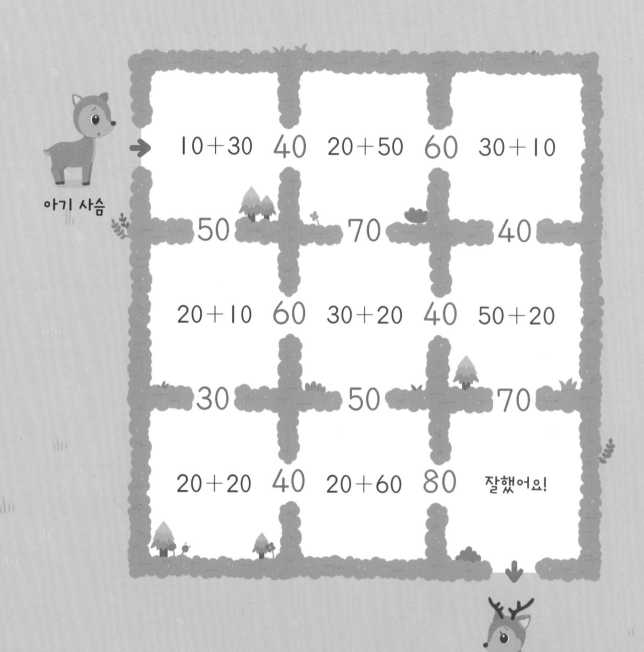

# 수수깡은 모두 몇 개일까요?

◎ 파란색 수수깡과 주황색 수수깡은 모두 몇 개인지 덧셈을 해 봅시다.

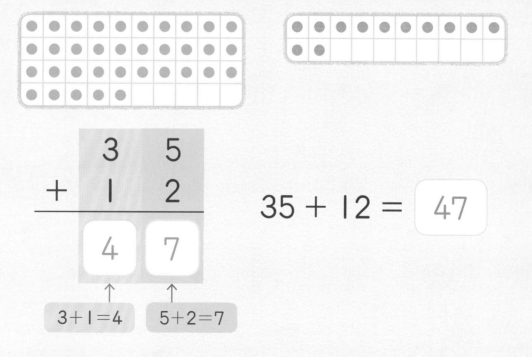

$$35 + 12 = \boxed{47}$$

3+1=4     5+2=7

**1** 그림을 보고 덧셈을 해 보세요.

$$\begin{array}{r} 1\ 3 \\ +\ 1\ 4 \\ \hline \square\ \square \end{array}$$

$$\begin{array}{r} 1\ 2 \\ +\ 2\ 5 \\ \hline \square\ \square \end{array}$$

$$\begin{array}{r} 3\ 2 \\ +\ 1\ 6 \\ \hline \square\ \square \end{array}$$

$$\begin{array}{r} 2\ 8 \\ +\ 4\ 1 \\ \hline \square\ \square \end{array}$$

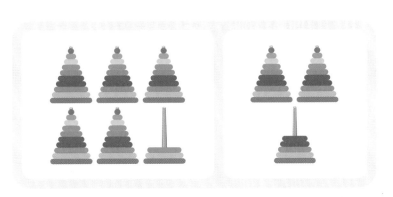

$$\begin{array}{r} 5\ 3 \\ +\ 2\ 5 \\ \hline \square\ \square \end{array}$$

$23 + 11 = \boxed{\phantom{00}}$

$17 + 21 = \boxed{\phantom{00}}$

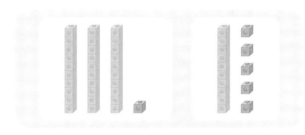

$31 + 15 = \boxed{\phantom{00}}$

$14 + 60 = \boxed{\phantom{00}}$

## 2 덧셈을 해 보세요.

$$\begin{array}{r} 1\,3 \\ +\ 1\,2 \\ \hline \end{array}$$

$$\begin{array}{r} 2\,5 \\ +\ 3\,2 \\ \hline \end{array}$$

$$\begin{array}{r} 7\,3 \\ +\ 2\,6 \\ \hline \end{array}$$

$30 + 61 = \boxed{\phantom{00}}$

$26 + 51 = \boxed{\phantom{00}}$

$44 + 45 = \boxed{\phantom{00}}$

정답 보기

◎ 덧셈을 하고 합과 같은 색깔로 색칠해 보세요.

12＋35

53＋11

40＋23

21＋22

43    47    63    64

받아내림이 없는 (몇십몇) ― (몇)

# 남은 장미는 몇 송이일까요?

◎ 장미 15송이 중 3송이를 팔았습니다. 판 장미 수만큼 ╱을 따라 지우고 뺄셈을 해 봅시다.

따라 지워요.

$$15 - 3 = \boxed{12}$$

10개씩 묶음은 그대로 내려 씁니다.

$5 - 3 = 2$

# 1 그림을 보고 뺄셈을 해 보세요.

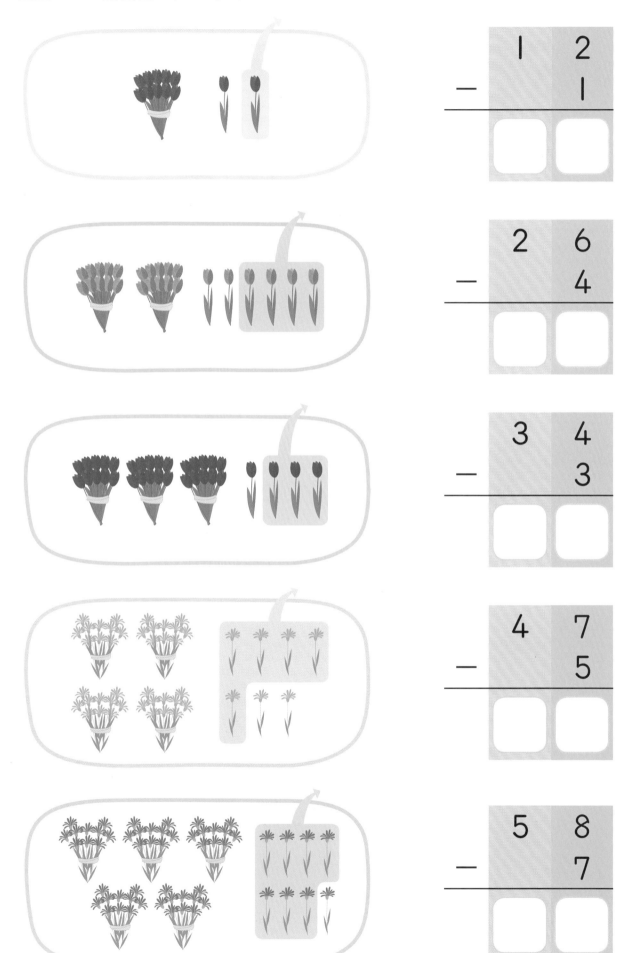

$$\begin{array}{r} 1\ 2 \\ -\phantom{1}\ 1 \\ \hline \end{array}$$

$$\begin{array}{r} 2\ 6 \\ -\phantom{2}\ 4 \\ \hline \end{array}$$

$$\begin{array}{r} 3\ 4 \\ -\phantom{3}\ 3 \\ \hline \end{array}$$

$$\begin{array}{r} 4\ 7 \\ -\phantom{4}\ 5 \\ \hline \end{array}$$

$$\begin{array}{r} 5\ 8 \\ -\phantom{5}\ 7 \\ \hline \end{array}$$

## 2 뺄셈을 해 보세요.

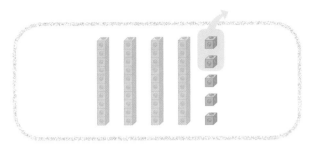

$45 - 2 = \boxed{\phantom{00}}$

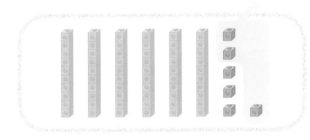

$66 - 3 = \boxed{\phantom{00}}$

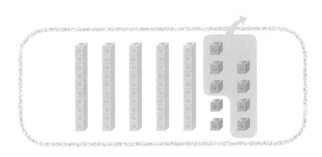

$59 - 7 = \boxed{\phantom{00}}$

$77 - 4 = \boxed{\phantom{00}}$

$$\begin{array}{r} 1\,8 \\ -\phantom{0}6 \\ \hline \end{array}$$

$$\begin{array}{r} 3\,7 \\ -\phantom{0}7 \\ \hline \end{array}$$

$$\begin{array}{r} 8\,6 \\ -\phantom{0}4 \\ \hline \end{array}$$

$22 - 1 = \boxed{\phantom{00}}$

$75 - 5 = \boxed{\phantom{00}}$

$96 - 2 = \boxed{\phantom{00}}$

차를 찾아 이어 보세요.

(몇십)−(몇십)

# 돈이 얼마 더 많을까요?

민수

연아

◎ 민수는 연아보다 돈이 얼마 더 많은지 10원씩 짝을 지어 보고, 뺄셈을 해 봅시다.

하나씩
짝을 지어요.

$$
\begin{array}{r}
3\ \ 0 \\
-\ 2\ \ 0 \\
\hline
1\ \ 0
\end{array}
$$

$30 - 20 = \boxed{10}$

↑ ↑
3−2=1    0은 그대로 내려 씁니다.

# 1 그림을 보고 뺄셈을 해 보세요.

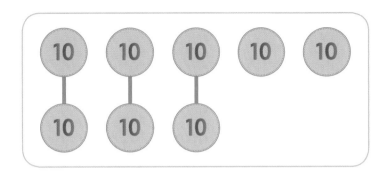 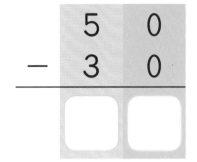

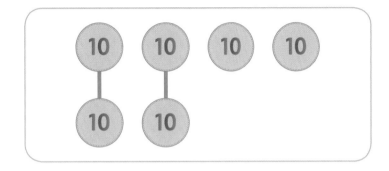 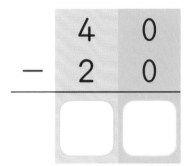

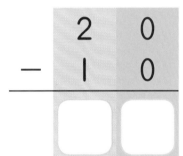

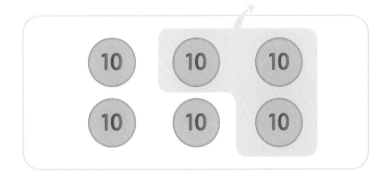

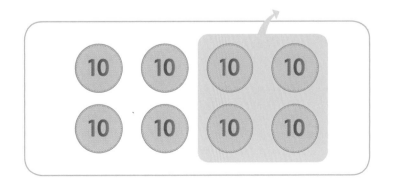

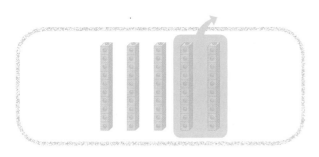

30 − 10 = ☐

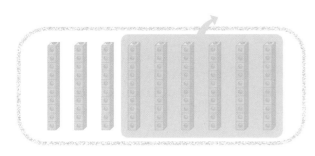

50 − 20 = ☐

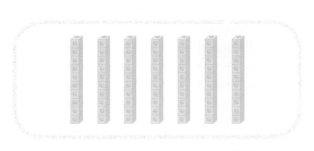

90 − 60 = ☐

70 − 20 = ☐

## 2 뺄셈을 해 보세요.

$$\begin{array}{r} 4\ 0 \\ -\ 1\ 0 \\ \hline \end{array}$$

$$\begin{array}{r} 7\ 0 \\ -\ 3\ 0 \\ \hline \end{array}$$

$$\begin{array}{r} 9\ 0 \\ -\ 1\ 0 \\ \hline \end{array}$$

30 − 20 = ☐

60 − 40 = ☐

80 − 50 = ☐

◎ 차가 20인 곳이 두더지의 집입니다. 두더지의 집을 찾아 ○표 하세요.

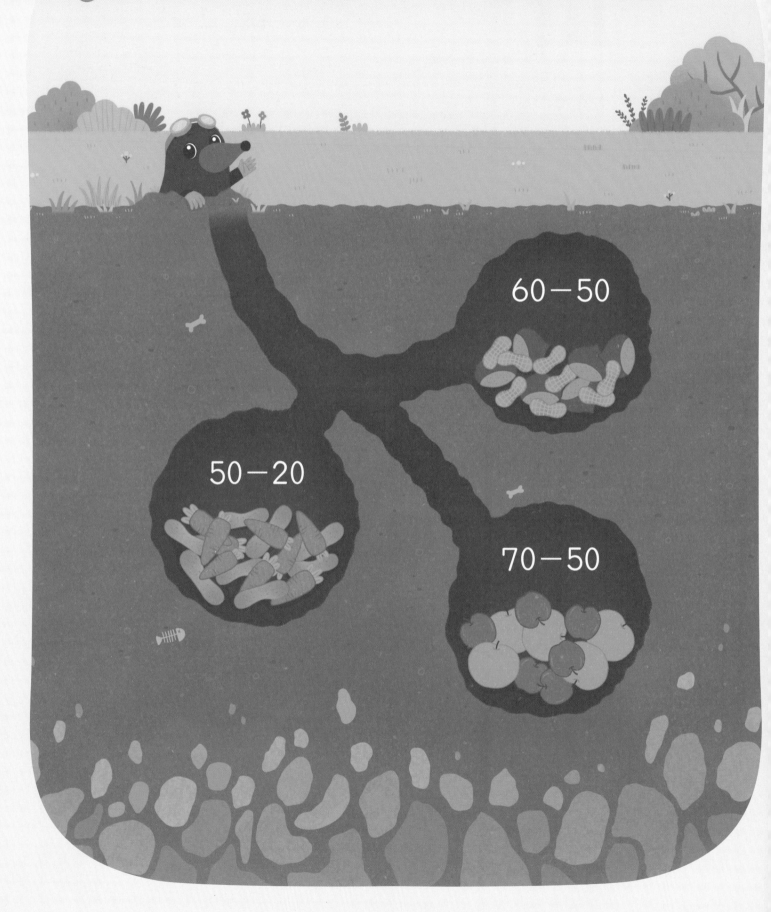

## 남은 떡은 몇 개일까요?

떡 하나만 주면
안 잡아먹지!

◎ 떡 28개 중 10개를 호랑이에게 주었습니다. 남은 떡은 몇 개인지 뺄셈을
해 봅시다.

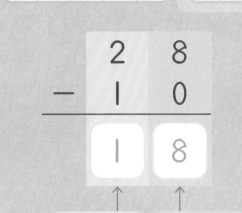

$$\begin{array}{r} 2\ 8 \\ -\ 1\ 0 \\ \hline 1\ 8 \end{array}$$

$$28 - 10 = \boxed{18}$$

↑ 2－1=1    ↑ 8－0=8

**1** 그림을 보고 뺄셈을 해 보세요.

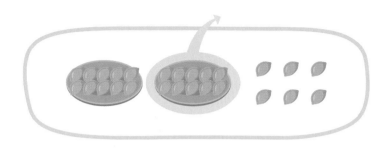

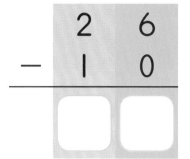

$$
\begin{array}{cc}
 & 2 \quad 6 \\
- & 1 \quad 0 \\
\hline
 & \square \quad \square
\end{array}
$$

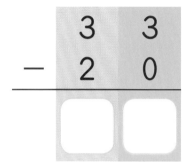

$$
\begin{array}{cc}
 & 3 \quad 3 \\
- & 2 \quad 0 \\
\hline
 & \square \quad \square
\end{array}
$$

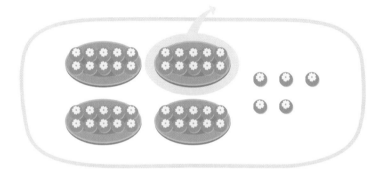

$$
\begin{array}{cc}
 & 4 \quad 5 \\
- & 1 \quad 0 \\
\hline
 & \square \quad \square
\end{array}
$$

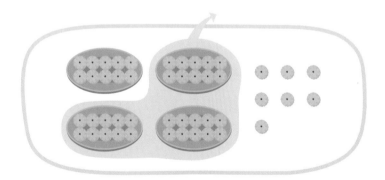

$$
\begin{array}{cc}
 & 4 \quad 7 \\
- & 3 \quad 0 \\
\hline
 & \square \quad \square
\end{array}
$$

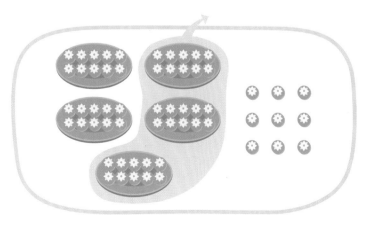

$$
\begin{array}{cc}
 & 5 \quad 9 \\
- & 3 \quad 0 \\
\hline
 & \square \quad \square
\end{array}
$$

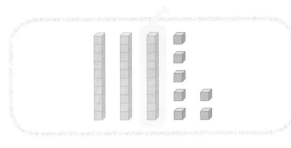

$37 - 10 =$ ☐

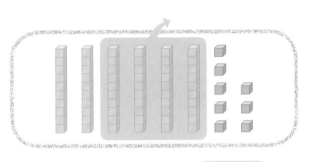

$68 - 40 =$ ☐

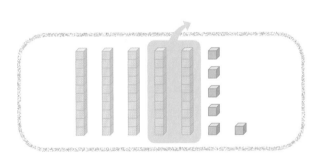

$56 - 20 =$ ☐

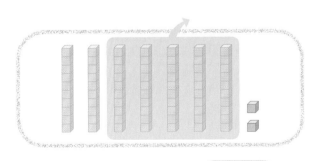

$72 - 50 =$ ☐

## 2 뺄셈을 해 보세요.

$$\begin{array}{r} 8\ 6 \\ -\ 5\ 0 \\ \hline \end{array}$$

$$\begin{array}{r} 9\ 7 \\ -\ 4\ 0 \\ \hline \end{array}$$

$$\begin{array}{r} 7\ 8 \\ -\ 4\ 0 \\ \hline \end{array}$$

$33 - 30 =$ ☐

$56 - 20 =$ ☐

$65 - 10 =$ ☐

◎ 차가 56인 무를 찾아 ◯표 하세요.

95-40

84-30

76-20

받아내림이 없는 (몇십몇) - (몇십몇)

# 남은 색연필은 몇 자루일까요?

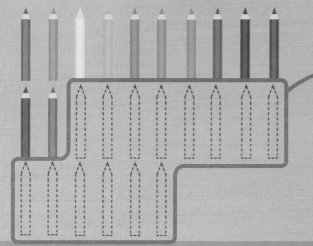

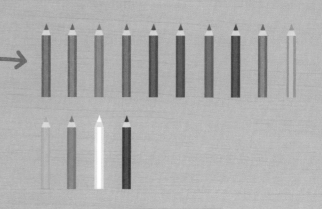

◎ 색연필 26자루 중 14자루를 친구에게 주었습니다. 남은 색연필은 몇 자루
인지 뺄셈을 해 봅시다.

$$\begin{array}{r} 2\ 6 \\ -\ 1\ 4 \\ \hline \boxed{1}\ \boxed{2} \end{array}$$

$$26 - 14 = \boxed{12}$$

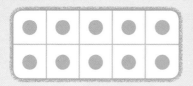
↑
2-1=1

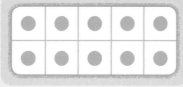
↑
6-4=2

**1** 그림을 보고 뺄셈을 해 보세요.

$$\begin{array}{r} 2\ 5 \\ -\ 1\ 1 \\ \hline \end{array}$$

$$\begin{array}{r} 3\ 4 \\ -\ 2\ 3 \\ \hline \end{array}$$

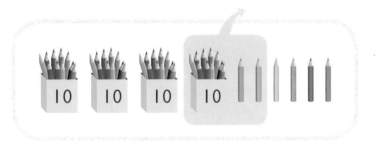

$$\begin{array}{r} 4\ 6 \\ -\ 1\ 2 \\ \hline \end{array}$$

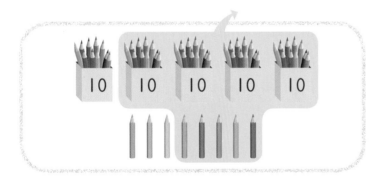

$$\begin{array}{r} 5\ 8 \\ -\ 4\ 5 \\ \hline \end{array}$$

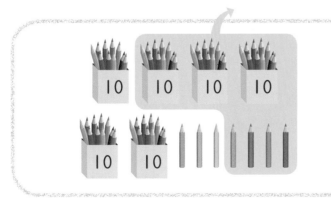

$$\begin{array}{r} 6\ 7 \\ -\ 3\ 4 \\ \hline \end{array}$$

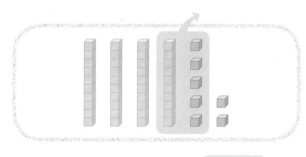

47 − 15 = ☐

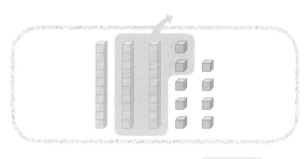

39 − 22 = ☐

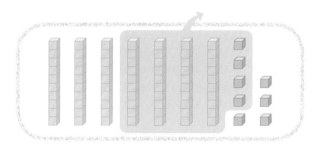

78 − 44 = ☐

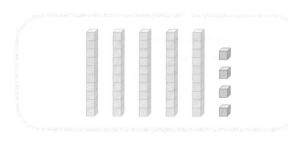

54 − 31 = ☐

## 2 뺄셈을 해 보세요.

$$\begin{array}{r} 1\ 5 \\ -\ 1\ 4 \\ \hline \end{array}$$

$$\begin{array}{r} 6\ 8 \\ -\ 2\ 8 \\ \hline \end{array}$$

$$\begin{array}{r} 8\ 9 \\ -\ 5\ 1 \\ \hline \end{array}$$

36 − 13 = ☐

47 − 36 = ☐

97 − 60 = ☐

◎ 수 카드의 두 수의 차가 적힌 아이스크림을 찾아 이어 보세요.

35  15

20

56  42

27

48  21

14

그림을 보고 덧셈과 뺄셈하기

# 물감과 붓의 수를 알아볼까요?

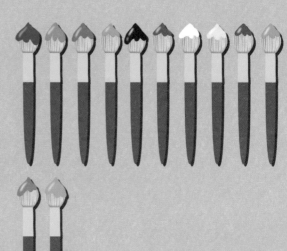

◎ 물감과 붓은 모두 몇 개 있는지 덧셈식으로 나타내어 봅시다.

물감 수     붓 수

$$26 + 12 = \boxed{\phantom{00}} \ \text{개}$$

'모두 몇 개'인지 구할 때에는
덧셈식을 이용해요.

◎ 물감은 붓보다 몇 개 더 많은지 뺄셈식으로 나타내어 봅시다.

물감 수     붓 수

$$26 - 12 = \boxed{\phantom{00}} \ \text{개}$$

'어느 것이 몇 개 더 많은지'
구할 때에는 뺄셈식을 이용해요.

**1** 그림을 보고 덧셈을 해 보세요.

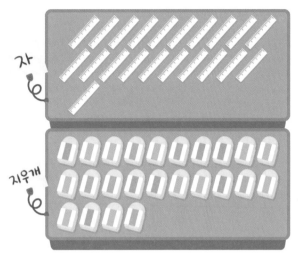
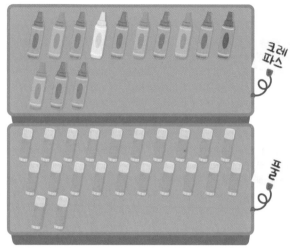

자와 크레파스는
모두 몇 개 있나요?

$21 + \boxed{\phantom{00}} = \boxed{\phantom{00}}$ 개

지우개와 풀은
모두 몇 개 있나요?

$24 + \boxed{\phantom{00}} = \boxed{\phantom{00}}$ 개

크레파스와 지우개는
모두 몇 개 있나요?

$\boxed{\phantom{00}} + \boxed{\phantom{00}} = \boxed{\phantom{00}}$ 개

**3** 그림을 보고 계산을 해 보세요.

   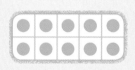 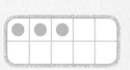

$26 + 13 = \boxed{\phantom{00}}$         $26 - 13 = \boxed{\phantom{00}}$

**2** 그림을 보고 뺄셈을 해 보세요.

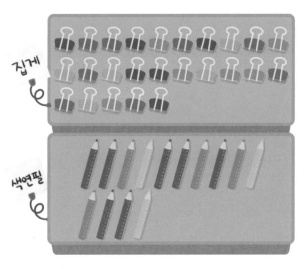
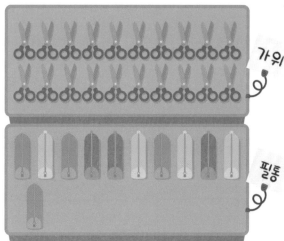

 집게는 가위보다 몇 개 더 많나요?

$25 - \boxed{\phantom{00}} = \boxed{\phantom{00}}$ 개

 색연필은 필통보다 몇 개 더 많나요?

$14 - \boxed{\phantom{00}} = \boxed{\phantom{00}}$ 개

 집게 2개가 팔렸다면 집게는 몇 개 남을까요?

$\boxed{\phantom{00}} - \boxed{\phantom{00}} = \boxed{\phantom{00}}$ 개

$15 + 12 = \boxed{\phantom{00}}$

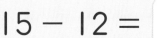

$15 - 12 = \boxed{\phantom{00}}$

정답 보기

◎ 준수가 보물이 있는 곳까지 가려면 모두 몇 걸음을 가야 하는지 덧셈식을
써 보세요.

[     ] + [    ] = [    ]

10이 되도록 모으기 하기

# 튤립은 모두 몇 송이일까요?

◎ 분홍색 튤립 6송이와 노란색 튤립 4송이가 있습니다. 튤립 수만큼 ◌ 를 따라 그리고 모으기 해 봅시다.

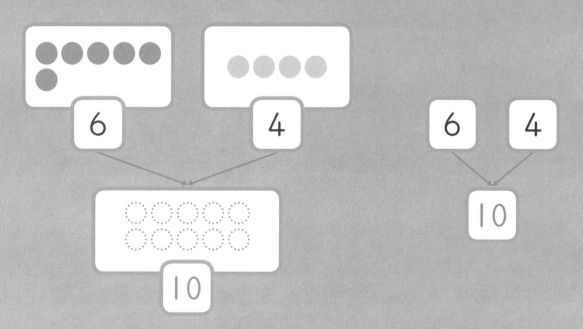

**1** 알맞은 수만큼 ○를 그리고 빈 곳에 알맞은 수를 써넣으세요.

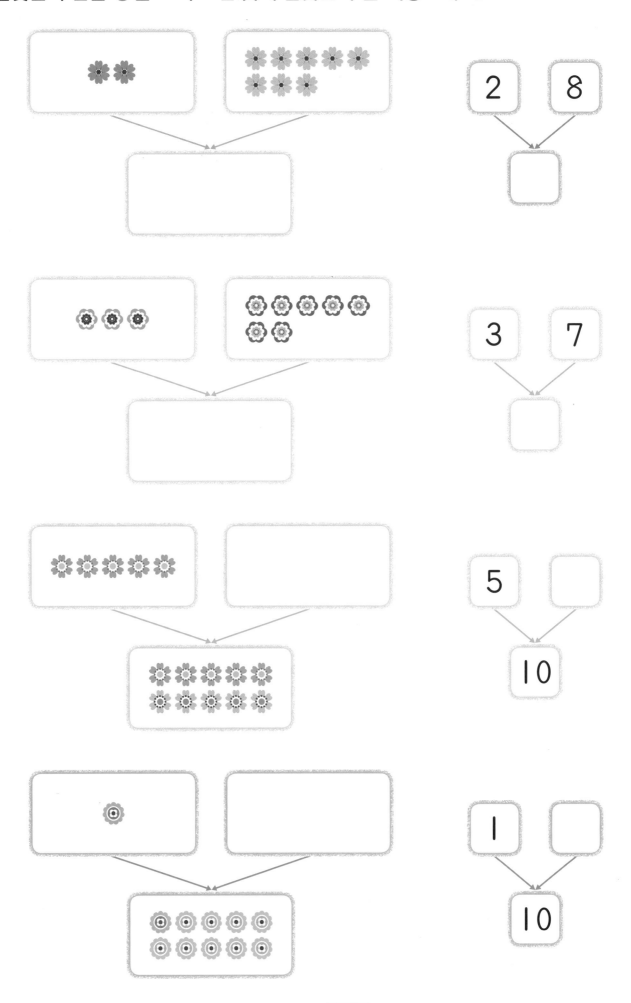

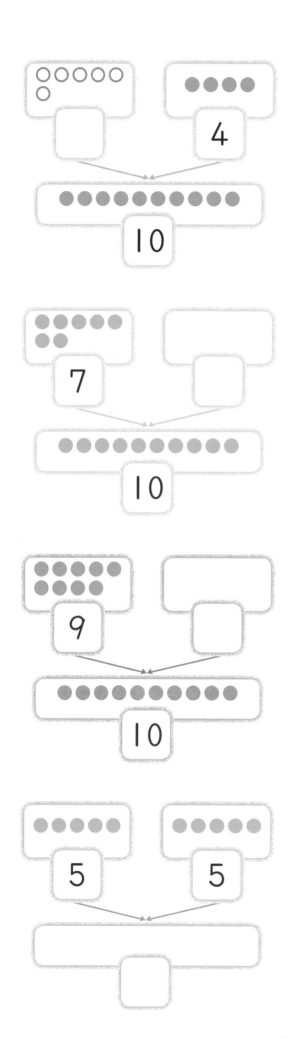

**2** 10이 되도록 모으기 하였습니다.
빈 곳에 알맞은 수를 써넣으세요.

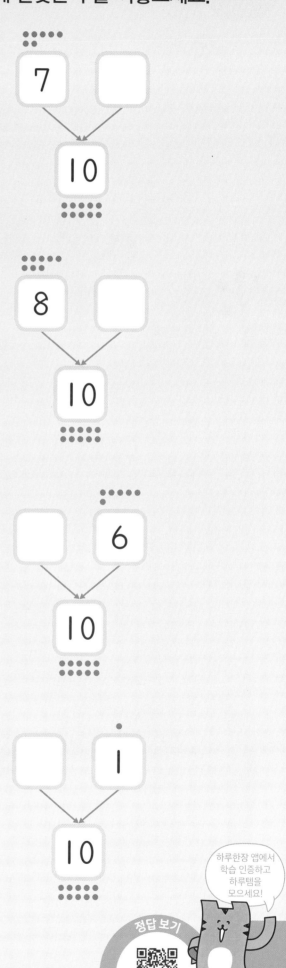

◎ 모으기 하면 10이 되는 두 수끼리 같은 색을 칠해 보세요.

# 비옷을 입은 어린이는 몇 명일까요?

◎ 비옷을 입은 어린이 수만큼 ◯ 를 따라 그리고, 어린이 10명을 우산을 쓴 어린이 수와 비옷을 입은 어린이 수로 가르기 해 봅시다.

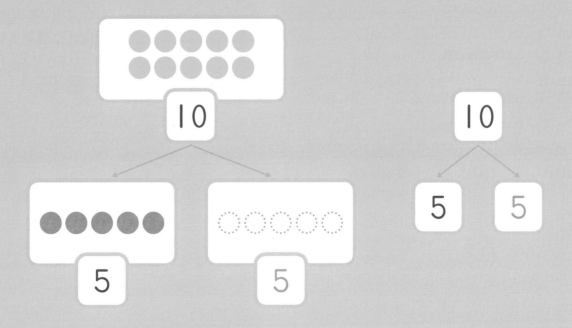

# 1 알맞은 수만큼 ○를 그리고 빈 곳에 알맞은 수를 써넣으세요.

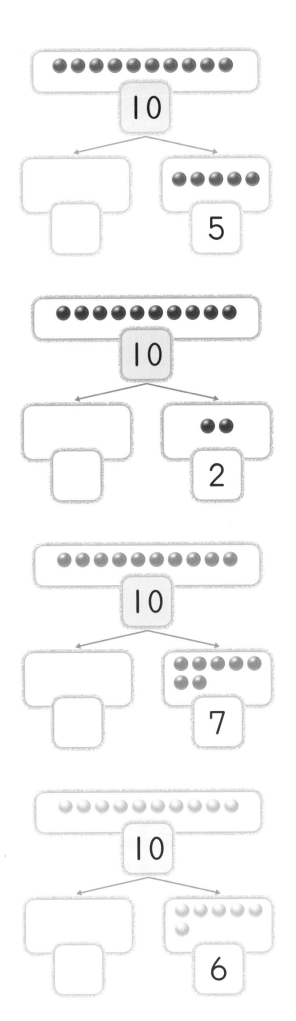

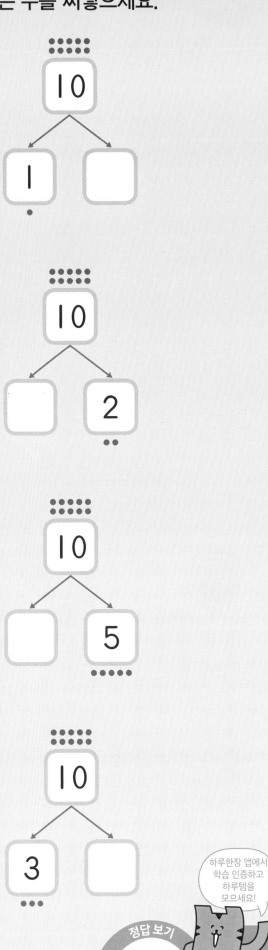

◉ 10을 바르게 가르기 한 비행기를 찾아 ◯표 하세요.

세 수의 덧셈

# 물고기는 모두 몇 마리일까요?

◎ 물고기는 모두 몇 마리인지 ◌를 따라 그리고 덧셈을 해 봅시다.

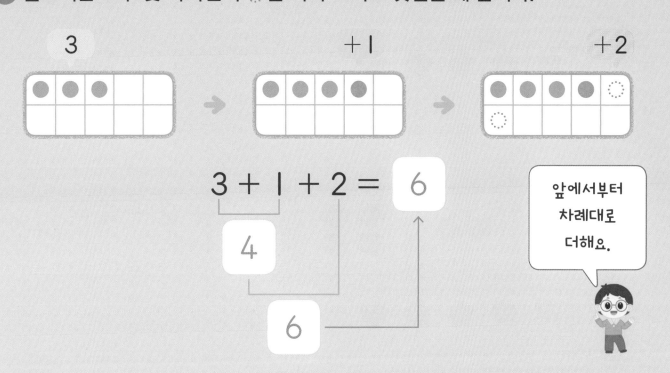

3        +1        +2

$$3 + 1 + 2 = \boxed{6}$$

$\boxed{4}$

$\boxed{6}$

앞에서부터
차례대로
더해요.

**1** 알맞은 수만큼 ◯를 그리고 세 수의 덧셈을 해 보세요.

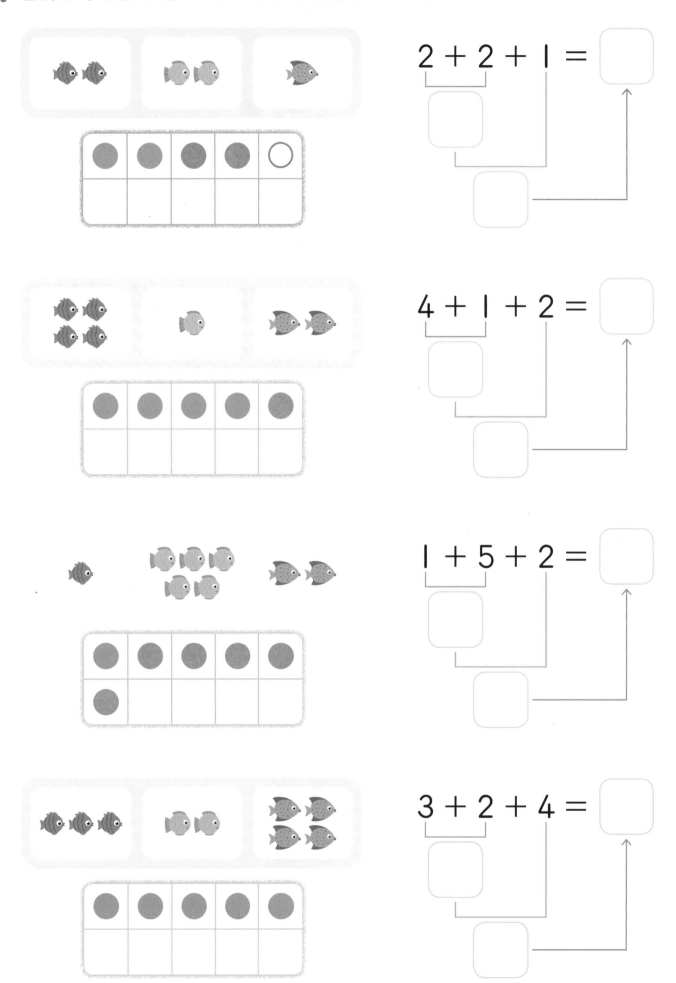

$2 + 2 + 1 =$

$4 + 1 + 2 =$

$1 + 5 + 2 =$

$3 + 2 + 4 =$

$$1 + 1 + 2 = \boxed{\phantom{0}}$$

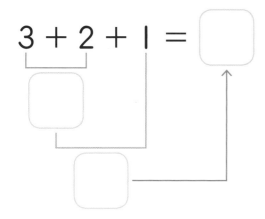

$$3 + 2 + 1 = \boxed{\phantom{0}}$$

$$2 + 2 + 2 = \boxed{\phantom{0}}$$

$$1 + 7 + 1 = \boxed{\phantom{0}}$$

**2** 세 수의 덧셈을 해 보세요.

$$1 + 1 + 1 = \boxed{\phantom{0}}$$

$$3 + 3 + 1 = \boxed{\phantom{0}}$$

$$1 + 4 + 1 = \boxed{\phantom{0}}$$

$$1 + 1 + 5 = \boxed{\phantom{0}}$$

$$5 + 2 + 2 = \boxed{\phantom{0}}$$

$$6 + 2 + 1 = \boxed{\phantom{0}}$$

하루한장 앱에서
학습 인증하고
하루템을
모으세요!

정답 보기

◎ 세 친구들은 각자 말한 식의 계산 결과가 적힌 풍선을 들고 있어요. 풍선을 찾아 알맞게 이어 보세요.

공부한 날
월
일

세 수의 뺄셈

# 트럭에 남은 상자는 몇 개일까요?

◎ 트럭에 남은 상자는 몇 개인지 ╱을 따라 지우고 뺄셈을 해 봅시다.

$$6 - 2 - 1 = 3$$

4

3

앞에서부터
차례대로
계산해요!

**1** 알맞은 수만큼 ╱으로 지우고 세 수의 뺄셈을 해 보세요.

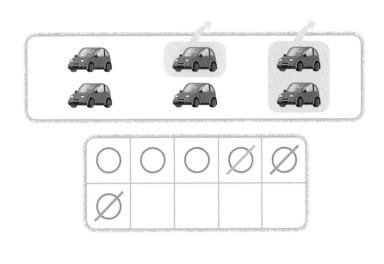

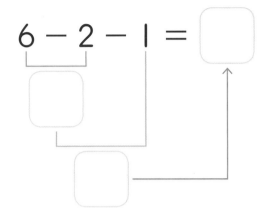

$6 - 2 - 1 =$

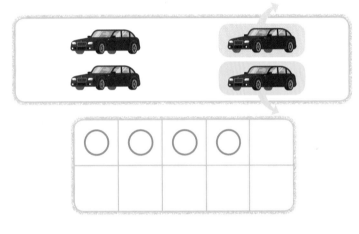

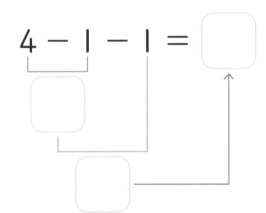

$4 - 1 - 1 =$

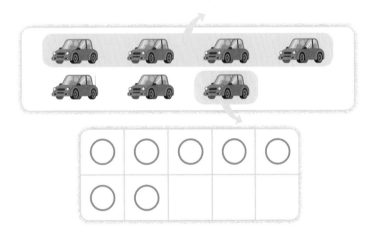

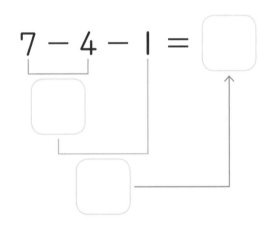

$7 - 4 - 1 =$

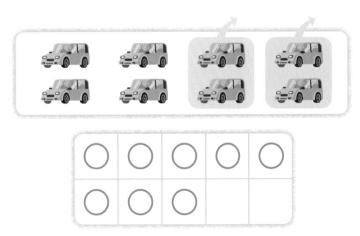

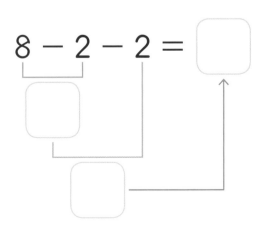

$8 - 2 - 2 =$

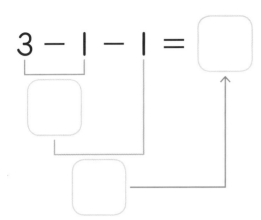

$$3 - 1 - 1 = \boxed{\phantom{0}}$$

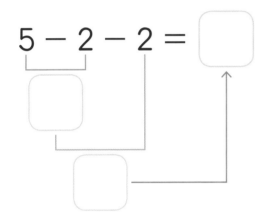

$$5 - 2 - 2 = \boxed{\phantom{0}}$$

$$8 - 4 - 1 = \boxed{\phantom{0}}$$

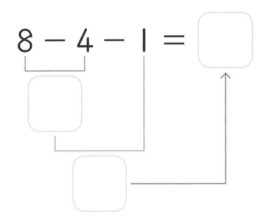

$$9 - 3 - 4 = \boxed{\phantom{0}}$$

## 2 세 수의 뺄셈을 해 보세요.

$$4 - 1 - 2 = \boxed{\phantom{0}}$$

$$5 - 3 - 1 = \boxed{\phantom{0}}$$

$$6 - 2 - 2 = \boxed{\phantom{0}}$$

$$7 - 1 - 3 = \boxed{\phantom{0}}$$

$$8 - 1 - 2 = \boxed{\phantom{0}}$$

$$9 - 2 - 3 = \boxed{\phantom{0}}$$

◉ 차가 2인 전구를 찾아 ○표 하세요.

6 - 1 - 2

7 - 3 - 1

9 - 5 - 2

10이 되는 더하기

# 펼친 손가락은 모두 몇 개일까요?

가위바위보!

◉ 두 어린이가 가위바위보에서 보를 냈습니다. 펼친 손가락은 모두 몇 개인지
○를 따라 그리고 10이 되는 더하기를 해 봅시다.

$$5 + 5 = 10$$

10이 되는 덧셈식

$1+9=10$  　$2+8=10$  　$3+7=10$

$4+6=10$  　$5+5=10$  　$6+4=10$

$7+3=10$  　$8+2=10$  　$9+1=10$

**1** 알맞은 수만큼 ○를 그리고 10이 되는 더하기를 해 보세요.

  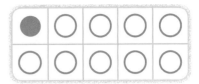

$1 + \boxed{\phantom{0}} = 10$

$2 + \boxed{\phantom{0}} = 10$

  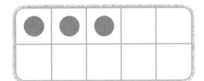

$3 + \boxed{\phantom{0}} = 10$

  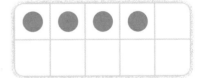

$4 + \boxed{\phantom{0}} = 10$

  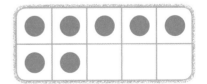

$7 + \boxed{\phantom{0}} = 10$

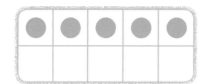

$$5 + \boxed{\phantom{0}} = 10$$

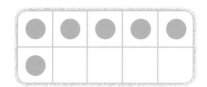

$$6 + \boxed{\phantom{0}} = 10$$

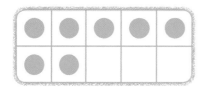

$$7 + \boxed{\phantom{0}} = 10$$

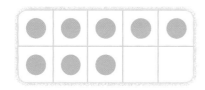

$$8 + \boxed{\phantom{0}} = 10$$

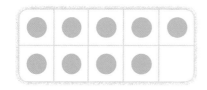

$$9 + \boxed{\phantom{0}} = 10$$

## 2 10이 되는 더하기를 해 보세요.

$$\boxed{\phantom{0}} + 9 = 10$$

$$\boxed{\phantom{0}} + 6 = 10$$

$$\boxed{\phantom{0}} + 5 = 10$$

$$\boxed{\phantom{0}} + 8 = 10$$

$$\boxed{\phantom{0}} + 7 = 10$$

$$\boxed{\phantom{0}} + 2 = 10$$

하루한장 앱에서
학습 인증하고
하루템을
모으세요!

정답 보기

⊙ 분홍색 칸에 있는 수들의 합을 구하는 로봇이 있습니다. 로봇이 구하는 합을 구해 보세요.

| 7 | 8 | 9 |
|---|---|---|
| 6 | 5 | 4 |
| 1 | 2 | 3 |

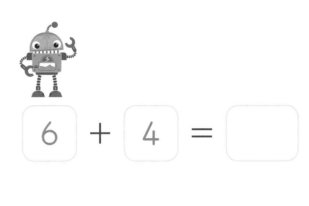

$6 + 4 = \boxed{\phantom{0}}$

| 1 | 2 | 3 |
|---|---|---|
| 4 | 5 | 6 |
| 7 | 8 | 9 |

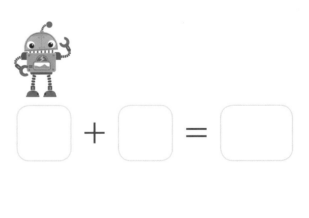

$\boxed{\phantom{0}} + \boxed{\phantom{0}} = \boxed{\phantom{0}}$

# 남은 주스는 몇 컵일까요?

◎ 주스 10컵 중에서 3컵을 마셨습니다. 남은 주스는 몇 컵인지 ╱을 따라 지우고 10에서 빼기를 해 봅시다.

$$10 - \boxed{3} = \boxed{7}$$

### 10에서 빼는 뺄셈식

10-1=9          10-2=8          10-3=7

10-4=6          10-5=5          10-6=4

10-7=3          10-8=2          10-9=1

**1** 알맞은 수만큼 / 으로 지우고 10에서 빼기를 해 보세요.

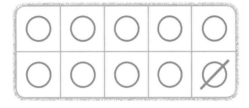

$$10 - \boxed{\phantom{0}} = 9$$

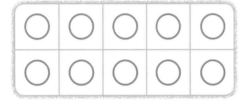

$$10 - \boxed{\phantom{0}} = 8$$

$$10 - \boxed{\phantom{0}} = 7$$

$$10 - \boxed{\phantom{0}} = 6$$

**2** 왼쪽 수만큼 ╱으로 지우고 남은 그림의 수를 구해 보세요.

5

$$10 - 5 = \boxed{\phantom{0}}$$

3

$$10 - 3 = \boxed{\phantom{0}}$$

6

$$10 - 6 = \boxed{\phantom{0}}$$

**3** 10에서 빼기를 해 보세요.

$$10 - 2 = \boxed{\phantom{0}} \qquad 10 - \boxed{\phantom{0}} = 6$$

$$10 - 5 = \boxed{\phantom{0}} \qquad 10 - \boxed{\phantom{0}} = 1$$

$$10 - 7 = \boxed{\phantom{0}} \qquad 10 - \boxed{\phantom{0}} = 9$$

◎ 물건의 주인을 찾으려고 합니다. 차를 찾아 이어 보세요.

10을 만들어 더하기(1)

# 도끼는 모두 몇 개일까요?

◎ 금도끼의 수만큼 ◯를 따라 그리고 10을 이용한 세 수의 덧셈을 해 봅시다.

$6 + 4 + 3 = $ ⬜13⬜

⬜10⬜

⬜13⬜

합이 10이 되는
6과 4를 먼저
더해요.

**1** 알맞은 수만큼 ○를 그리고 I0을 이용한 세 수의 덧셈을 해 보세요.

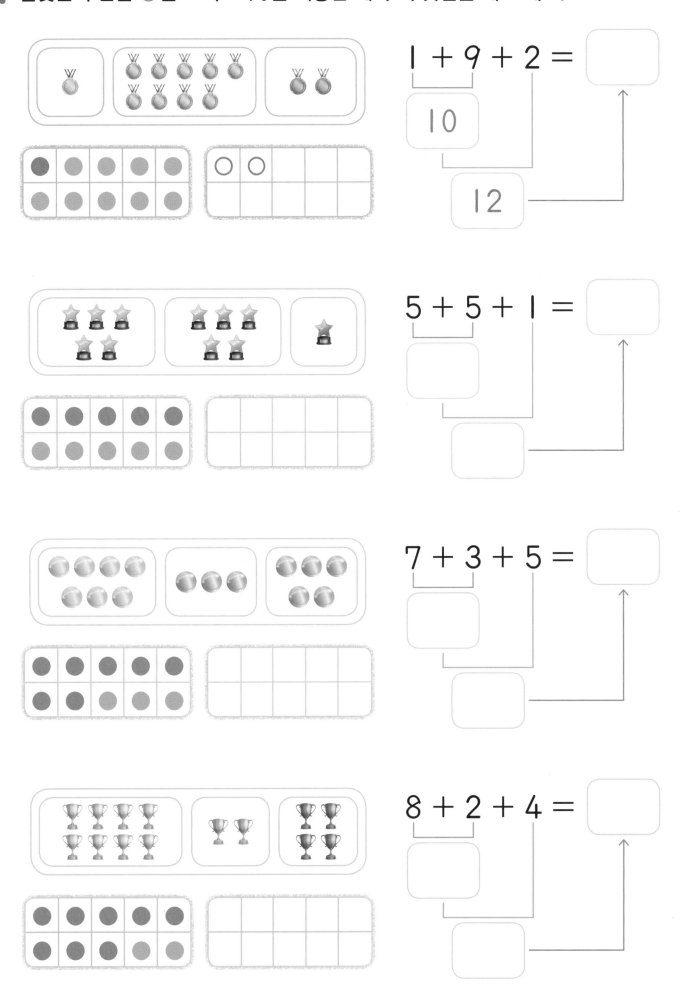

$1 + 9 + 2 =$ 

$10$

$12$

$5 + 5 + 1 =$

$7 + 3 + 5 =$

$8 + 2 + 4 =$

**2** 10을 이용하여 구슬의 수를 더해 보세요.

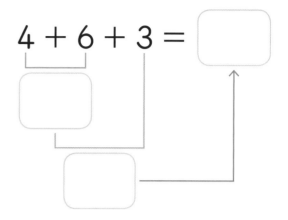

$4 + 6 + 3 =$ ☐

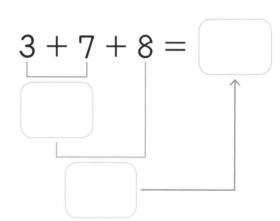

$3 + 7 + 8 =$ ☐

**3** 10을 이용한 세 수의 덧셈을 해 보세요.

$5 + 5 + 2 =$ ☐

$6 + 4 + 6 =$ ☐

$2 + 8 + 7 =$ ☐

$9 + 1 + 9 =$ ☐

정답 보기

◎ 물방울이 수도관을 따라 내려갈 때 지나간 수들의 합을 구해 보세요.

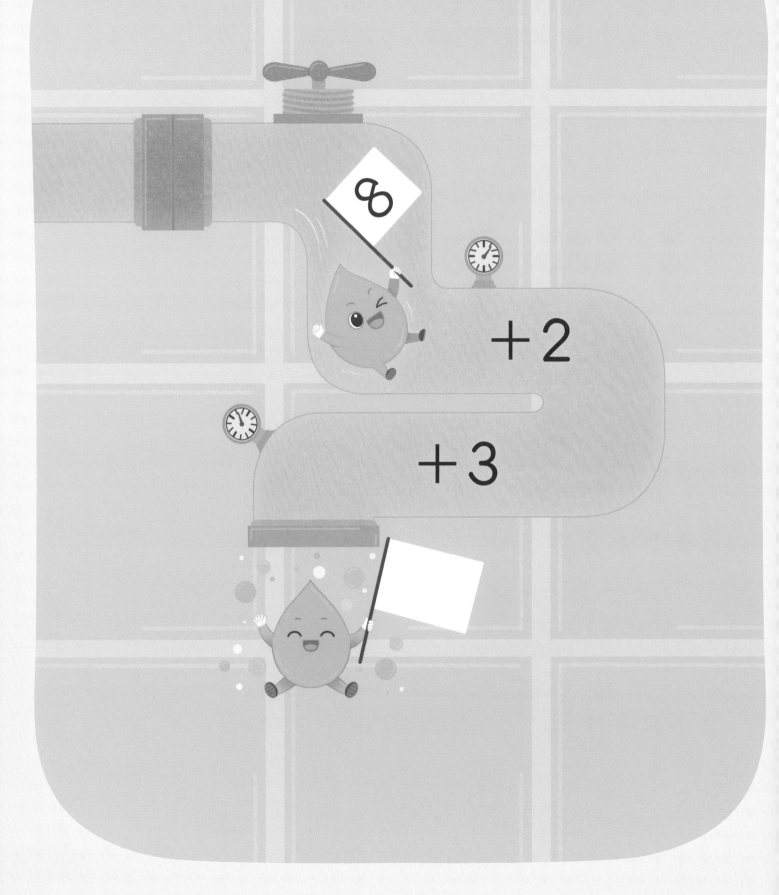

# 주사위 눈의 수는 모두 얼마일까요?

◎ 주사위 눈의 수는 모두 얼마인지 10을 이용한 세 수의 덧셈을 해 봅시다.

$$4 + 5 + 5 = \boxed{14}$$

$\boxed{10}$

$\boxed{14}$

합이 10이 되는 5와 5를 먼저 더해요.

**1** 점의 수를 보고 10을 이용한 세 수의 덧셈을 해 보세요.

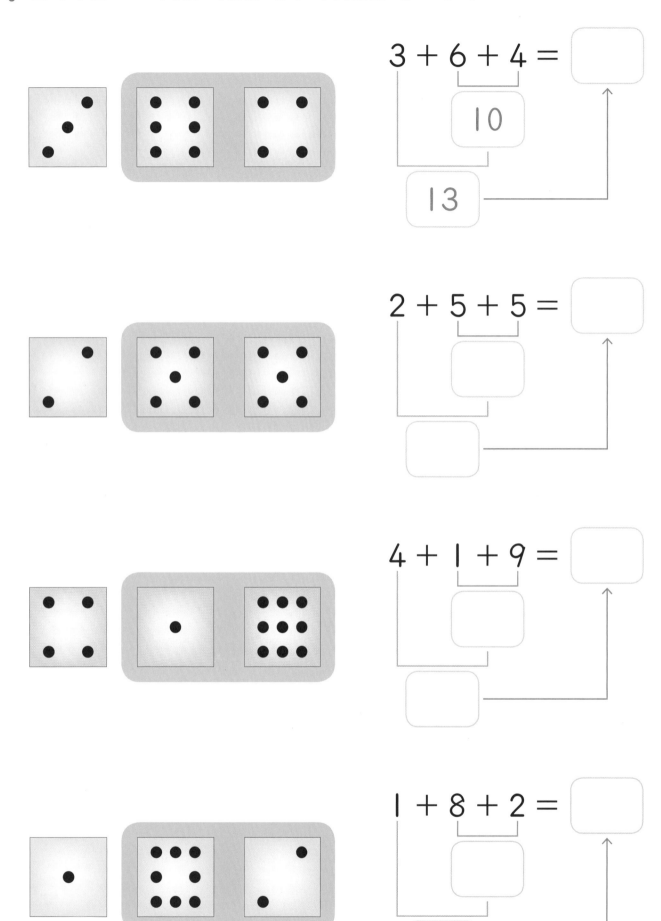

$3 + 6 + 4 = \boxed{\phantom{0}}$

10

13

$2 + 5 + 5 = \boxed{\phantom{0}}$

$4 + 1 + 9 = \boxed{\phantom{0}}$

$1 + 8 + 2 = \boxed{\phantom{0}}$

**2** 10을 이용하여 보석의 수를 더해 보세요.

$$6 + 5 + 5 = \boxed{\phantom{00}}$$

$$4 + 7 + 3 = \boxed{\phantom{00}}$$

**3** 10을 이용한 세 수의 덧셈을 해 보세요.

$$7 + 2 + 8 = \boxed{\phantom{00}}$$

$$1 + 4 + 6 = \boxed{\phantom{00}}$$

$$8 + 3 + 7 = \boxed{\phantom{00}}$$

$$5 + 9 + 1 = \boxed{\phantom{00}}$$

◎ 엄마와 재영이가 산 세 야채의 수의 합을 구해 보세요.

재영

엄마

$$4 + 3 + 7 = \boxed{\phantom{00}}$$

# 사탕은 몇 개일까요?

◎ 사탕은 몇 개인지 10을 이용하여 모으기와 가르기를 해 봅시다.

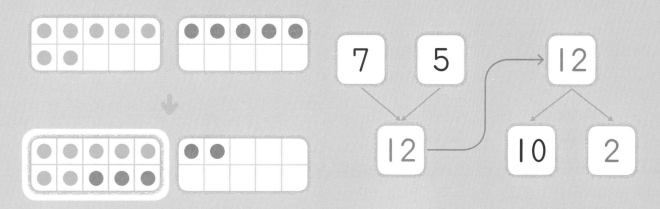

사탕 7개와 5개를 모으면  12  개가 됩니다.

연수가 10개를 가져가면 사탕이  2  개 남습니다.

**1** 알맞은 수만큼 ○를 그리고 10을 이용하여 모으기와 가르기를 해 보세요.

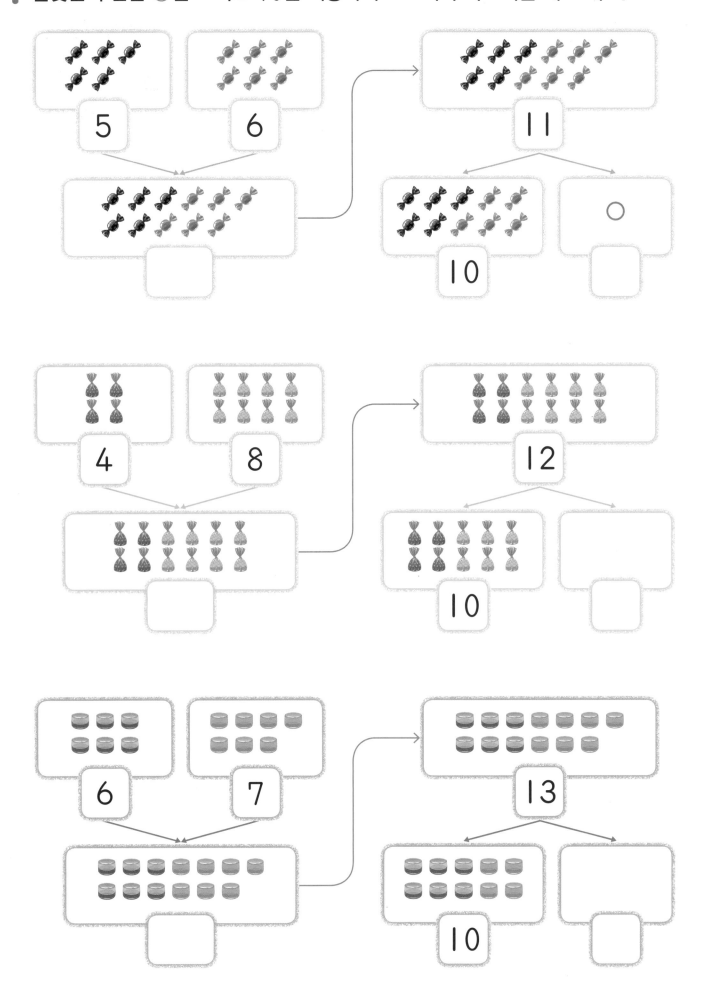

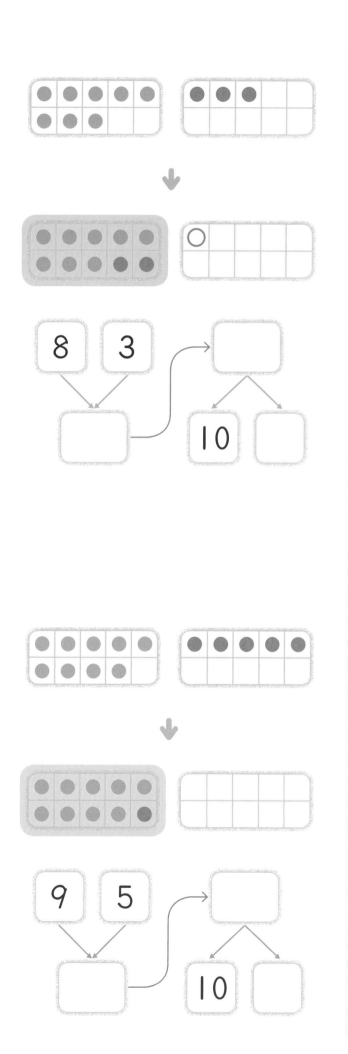

## 2 10을 이용하여 모으기와 가르기를 해 보세요.

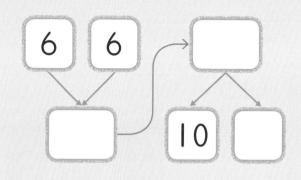

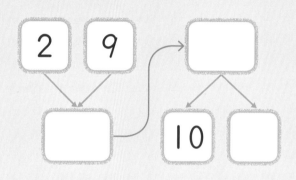

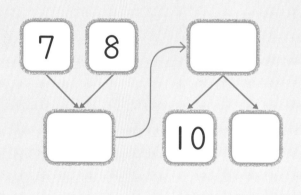

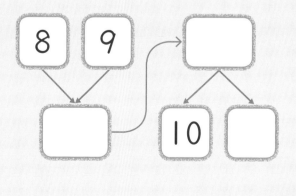

정답 보기

◎ 보기 와 같이 초콜릿 10개를 묶고 남은 초콜릿은 몇 개인지 구해 보세요.

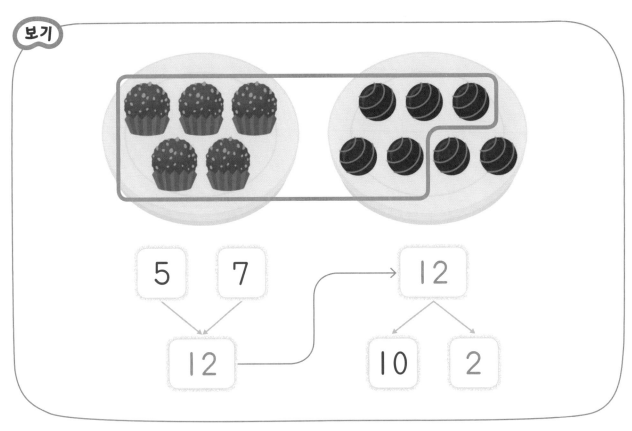

보기

```
  5      7              12
      ↘  ↙            ↙    ↘
       12 ─────────→ 10    2
```

왼쪽부터
묶어요

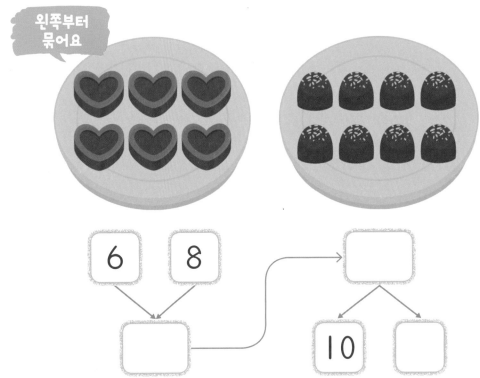

```
  6      8
      ↘  ↙            ↙    ↘
                     10
```

(몇)＋(몇)＝(십몇)(1)

# 기타는 모두 몇 개일까요?

◎ 초록색 기타 수만큼 초록색을, 분홍색 기타 수만큼 분홍색을 색칠한 것을 보고 덧셈을 해 봅시다.

| 1 | 2 | 3 | 4 | 5 | 6 | 7 | 8 | 9 | 10 | 11 | 12 | 13 | 14 | 15 | 16 | 17 | 18 | 19 | 20 |

$$5 + 9 = \boxed{14}$$

기타는 모두 $\boxed{\phantom{00}}$ 개입니다.

**1** 악기가 모두 몇 개인지 알맞은 수만큼 색칠하고 덧셈을 해 보세요.

$6 + 8 =$ ☐

| 1 | 2 | 3 | 4 | 5 | 6 | 7 | 8 | 9 | 10 | 11 | 12 | 13 | 14 | 15 | 16 | 17 | 18 | 19 | 20 |
|---|---|---|---|---|---|---|---|---|----|----|----|----|----|----|----|----|----|----|----|

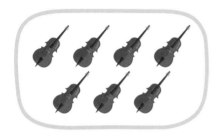 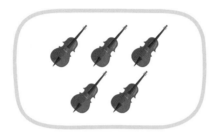

$7 + 5 =$ ☐

| 1 | 2 | 3 | 4 | 5 | 6 | 7 | 8 | 9 | 10 | 11 | 12 | 13 | 14 | 15 | 16 | 17 | 18 | 19 | 20 |
|---|---|---|---|---|---|---|---|---|----|----|----|----|----|----|----|----|----|----|----|

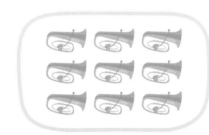 

$9 + 6 =$ ☐

| 1 | 2 | 3 | 4 | 5 | 6 | 7 | 8 | 9 | 10 | 11 | 12 | 13 | 14 | 15 | 16 | 17 | 18 | 19 | 20 |
|---|---|---|---|---|---|---|---|---|----|----|----|----|----|----|----|----|----|----|----|

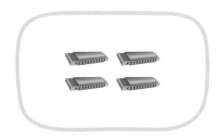 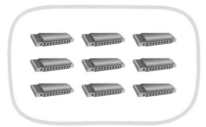

$4 + 9 =$ ☐

| 1 | 2 | 3 | 4 | 5 | 6 | 7 | 8 | 9 | 10 | 11 | 12 | 13 | 14 | 15 | 16 | 17 | 18 | 19 | 20 |
|---|---|---|---|---|---|---|---|---|----|----|----|----|----|----|----|----|----|----|----|

**2** 그림에 화살표를 그려서 덧셈을 해 보세요.

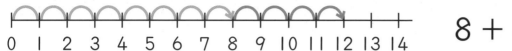

$8 + 4 =$ ☐

화살표를
그려요

$9 + 2 =$ ☐

$7 + 6 =$ ☐

**3** 그림을 보고 덧셈식을 완성해 보세요.

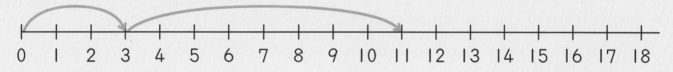

$3 +$ 8 $=$ ☐

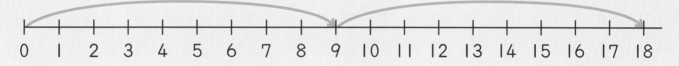

$9 +$ ☐ $=$ ☐

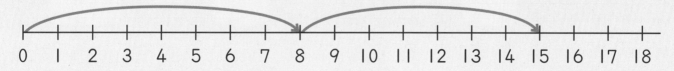

$8 +$ ☐ $=$ ☐

정답 보기

두 옷에 달린 단추의 수를 세어 쓰고, 모두 몇 개인지 덧셈을 해 보세요.

8 + ☐ = ☐

9 + ☐ = ☐

(몇)+(몇)=(십몇)(2)

# 쿠키는 모두 몇 개일까요?

◎ 더 놓은 쿠키 수만큼 ◯를 따라 그리고 덧셈을 해 봅시다.

$$6 + 6 = \boxed{12}$$

$$6 + \boxed{4} + 2$$

$$\boxed{10}$$

$$\boxed{12}$$

쿠키는 모두 ☐ 개입니다.

**1** 알맞은 수만큼 ◯를 그리고 덧셈을 해 보세요.

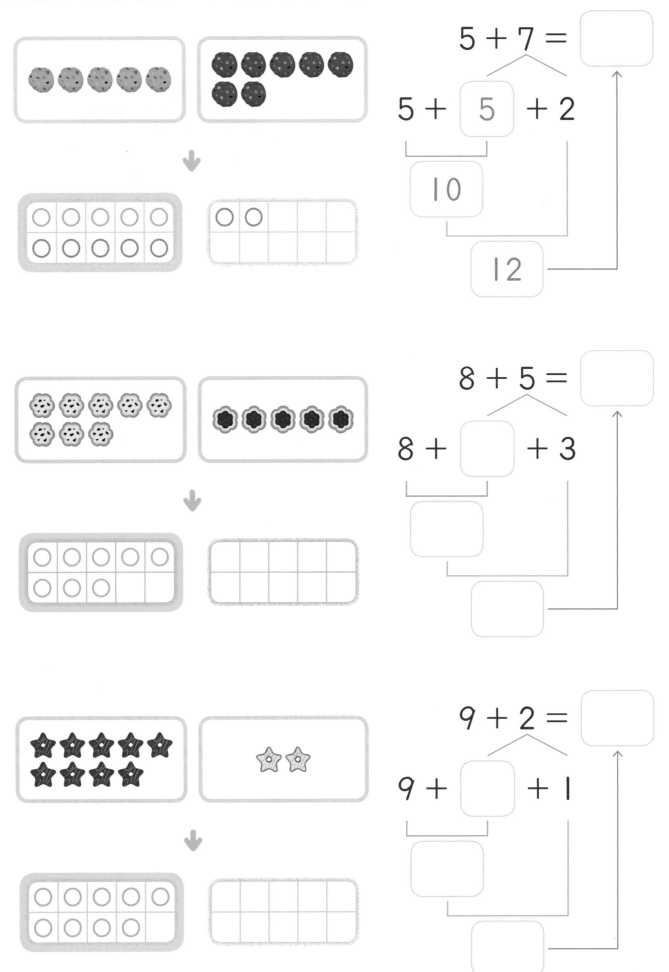

$5 + 7 = \boxed{\phantom{0}}$

$5 + \boxed{5} + 2$

$\boxed{10}$

$\boxed{12}$

$8 + 5 = \boxed{\phantom{0}}$

$8 + \boxed{\phantom{0}} + 3$

$9 + 2 = \boxed{\phantom{0}}$

$9 + \boxed{\phantom{0}} + 1$

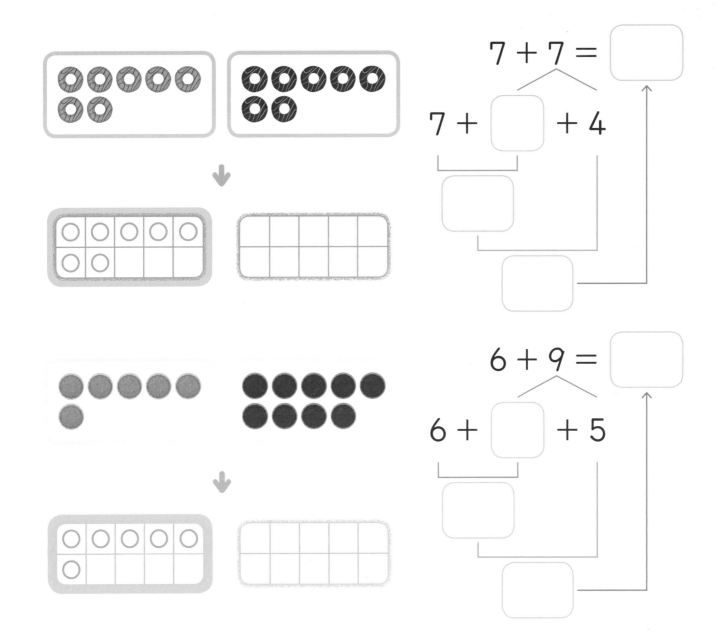

$$7 + 7 = \boxed{\phantom{0}}$$

$$7 + \boxed{\phantom{0}} + 4$$

$$6 + 9 = \boxed{\phantom{0}}$$

$$6 + \boxed{\phantom{0}} + 5$$

## 2 덧셈을 해 보세요.

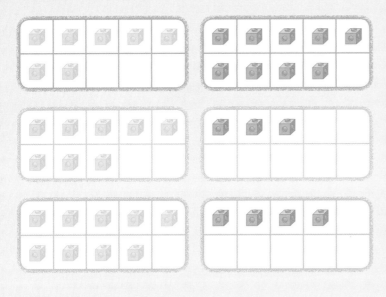

$$7 + 9 = \boxed{\phantom{0}}$$

$$8 + 3 = \boxed{\phantom{0}}$$

$$9 + 4 = \boxed{\phantom{0}}$$

정답 보기

하루한장
앱에서
학습 인증하고
하루템을
모으세요!

◎ 덧셈을 하고 합과 같은 색깔로 색칠해 보세요.

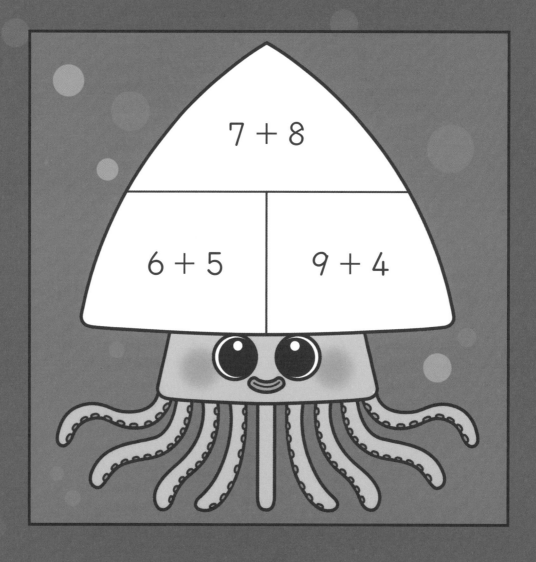

7 + 8

6 + 5

9 + 4

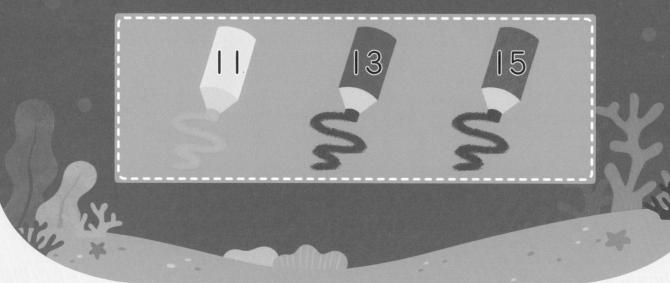

11    13    15

(몇)＋(몇)＝(십몇) (3)

# 열대어는 모두 몇 마리일까요?

나는 열대어를 8마리 봤어.

나는 7마리 봤어.

◎ 열대어는 모두 몇 마리인지 덧셈을 해 봅시다.

$$8 + 7 = \boxed{15}$$

$$5 + \boxed{3} + 7$$

$$\boxed{10}$$

$$\boxed{15}$$

열대어는 모두 ☐ 마리입니다.

**1** 그림을 보고 덧셈을 해 보세요.

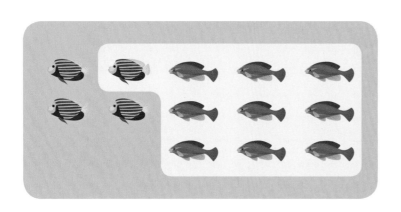

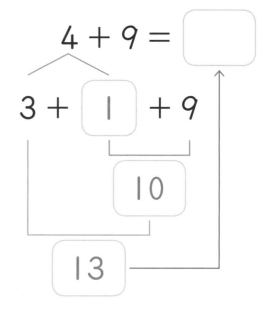

$$4 + 9 = \boxed{\phantom{0}}$$

$$3 + \boxed{1} + 9$$

$$\boxed{10}$$

$$\boxed{13}$$

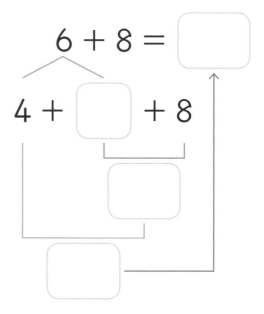

$$6 + 8 = \boxed{\phantom{0}}$$

$$4 + \boxed{\phantom{0}} + 8$$

$$\boxed{\phantom{0}}$$

$$\boxed{\phantom{0}}$$

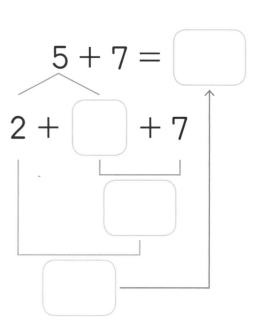

$$5 + 7 = \boxed{\phantom{0}}$$

$$2 + \boxed{\phantom{0}} + 7$$

$$\boxed{\phantom{0}}$$

$$\boxed{\phantom{0}}$$

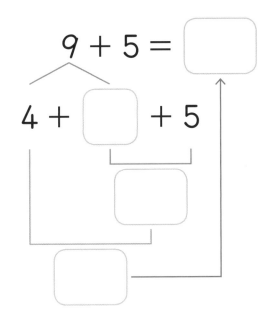

$$9 + 5 = \boxed{\phantom{00}}$$

$$4 + \boxed{\phantom{0}} \quad + 5$$

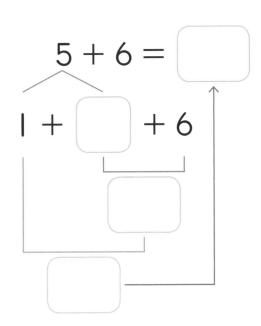

$$5 + 6 = \boxed{\phantom{00}}$$

$$1 + \boxed{\phantom{0}} \quad + 6$$

$$9 + 8 = \boxed{\phantom{00}}$$

$$7 + \boxed{\phantom{0}} \quad + 8$$

## 2 덧셈을 해 보세요.

$$4 + 7 = \boxed{\phantom{00}}$$

$$8 + 4 = \boxed{\phantom{00}}$$

$$7 + 6 = \boxed{\phantom{00}}$$

$$8 + 8 = \boxed{\phantom{00}}$$

$$6 + 6 = \boxed{\phantom{00}}$$

$$9 + 2 = \boxed{\phantom{00}}$$

$$9 + 9 = \boxed{\phantom{00}}$$

정답 보기

◎ 두 수의 합이 작은 것부터 순서대로 점을 이어 보세요.

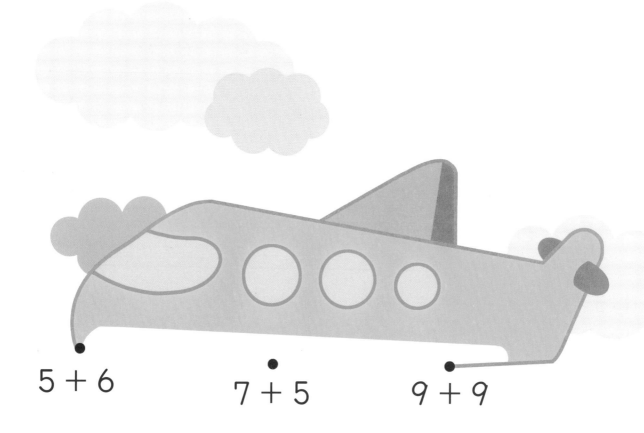

5 + 6

7 + 5

9 + 9

6 + 8

(십몇)−(몇)=(몇)(1)

# 빨간색 종이학은 몇 개 더 많을까요?

◎ 빨간색 종이학과 초록색 종이학을 하나씩 짝 지어 선을 따라 긋고 뺄셈을 해 봅시다.

$$12 - 7 = \boxed{5}$$

빨간색 종이학이 $\boxed{\phantom{0}}$ 개 더 많습니다.

**1** 하나씩 짝 지어 선을 긋고 뺄셈을 해 보세요.

$$11 - 6 = \boxed{\phantom{0}}$$

$$13 - 9 = \boxed{\phantom{0}}$$

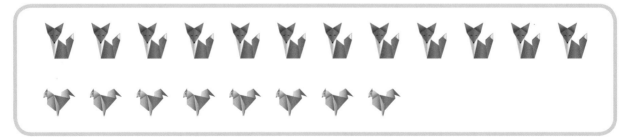

$$14 - 5 = \boxed{\phantom{0}}$$

$$12 - 8 = \boxed{\phantom{0}}$$

**2** 그림에 화살표를 그려서 뺄셈을 해 보세요.

$12 - 5 =$ ☐

화살표를
그려요

$11 - 3 =$ ☐

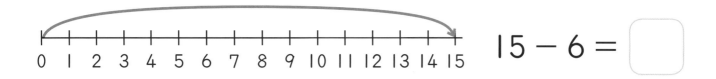

$15 - 6 =$ ☐

**3** 그림을 보고 뺄셈식을 완성해 보세요.

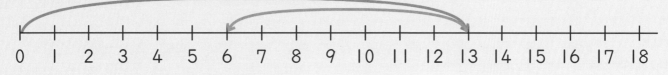

$13 -$ 7 $=$ ☐

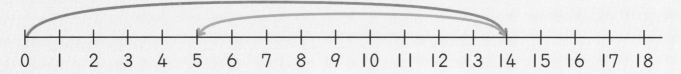

$14 -$ ☐ $=$ ☐

$16 -$ ☐ $=$ ☐

하루한장
앱에서
학습 인증하고
하루템을
모으세요!

정답 보기

◉ 개구리가 앞뒤로 뛰고 있습니다. (보기)와 같이 개구리가 뛴 자리를 화살표로 나타내고 차를 구해 보세요.

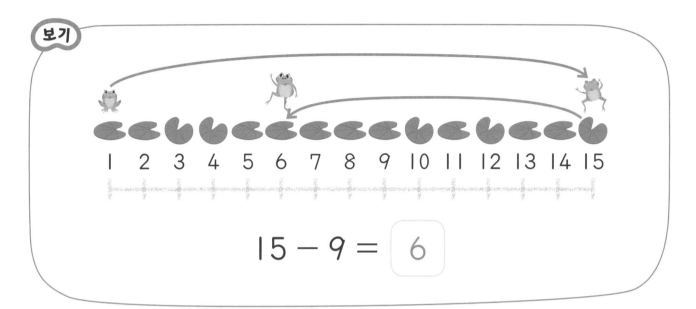

보기

$$15 - 9 = \boxed{6}$$

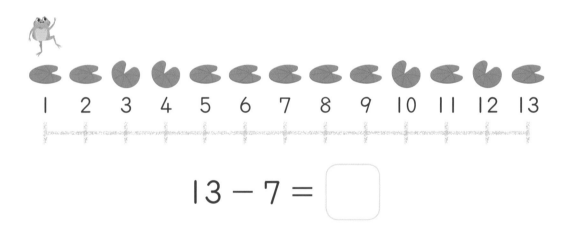

1 2 3 4 5 6 7 8 9 10 11 12 13

$$13 - 7 = \boxed{\phantom{0}}$$

1 2 3 4 5 6 7 8 9 10 11 12 13 14

$$14 - 6 = \boxed{\phantom{0}}$$

# 토끼가 몇 걸음 더 많이 갔을까요?

◎ 토끼의 걸음 수만큼 ○를 그렸습니다. 거북의 걸음 수만큼 /으로 따라 지우고 뺄셈을 해 봅시다.

$$13 - 5 = \boxed{8}$$

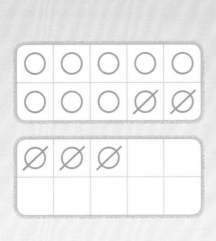

$$13 - \boxed{3} - 2$$

$$\boxed{10}$$

$$\boxed{8}$$

토끼가 거북보다 ☐ 걸음 더 많이 갔습니다.

**1** 알맞은 수만큼 ◯를 ╱으로 지우고 뺄셈을 해 보세요.

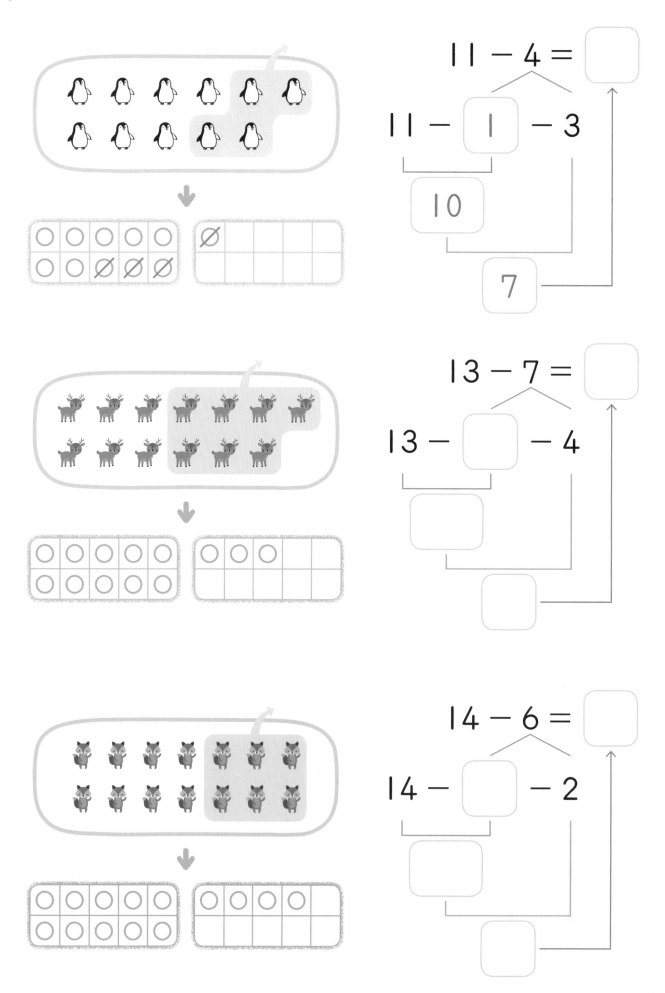

$$11 - 4 = \boxed{\phantom{0}}$$

$$11 - \boxed{1} - 3$$

$$\boxed{10}$$

$$\boxed{7}$$

$$13 - 7 = \boxed{\phantom{0}}$$

$$13 - \boxed{\phantom{0}} - 4$$

$$14 - 6 = \boxed{\phantom{0}}$$

$$14 - \boxed{\phantom{0}} - 2$$

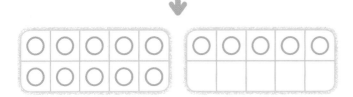

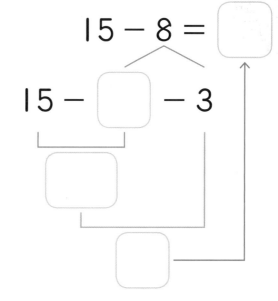

$15 - 8 = \boxed{\phantom{0}}$

$15 - \boxed{\phantom{0}} - 3$

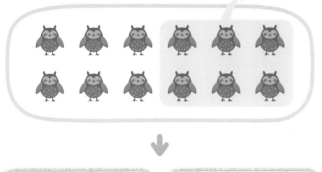

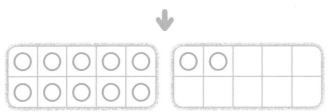

$12 - 6 = \boxed{\phantom{0}}$

$12 - \boxed{\phantom{0}} - 4$

## 2 뺄셈을 해 보세요.

$16 - 8 = \boxed{\phantom{0}}$

$17 - 9 = \boxed{\phantom{0}}$

$14 - 7 = \boxed{\phantom{0}}$

정답 보기

◉ 주머니에 들어 있는 구슬을 꺼내어 친구에게 주려고 합니다. 그림을 보고 남
   은 구슬 수를 구하는 뺄셈을 해 보세요.

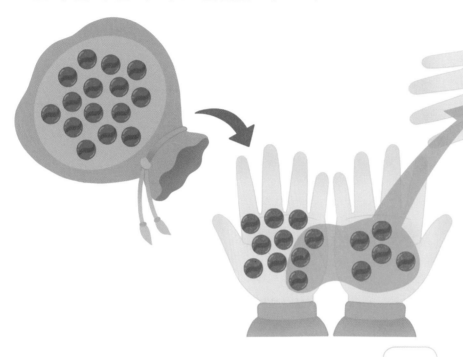

$$15 - 8 = \boxed{\phantom{0}}$$

$$12 - 9 = \boxed{\phantom{0}}$$

# 남은 공룡은 몇 마리일까요?

공룡이 16마리 있었는데 9마리가 다른 곳으로 갔어.

무서워!

◎ 남은 공룡은 몇 마리인지 뺄셈을 해 봅시다.

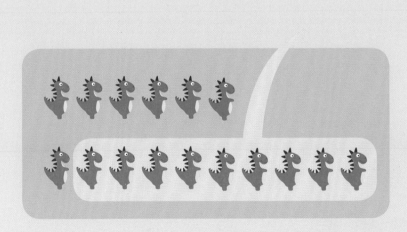

$$16 - 9 = \boxed{7}$$

$$\boxed{6} + 10 - 9$$

$$\boxed{1}$$

$$\boxed{7}$$

남은 공룡은 ☐ 마리입니다.

**1** 그림을 보고 뺄셈을 해 보세요.

$$12 - 6 = \boxed{\phantom{0}}$$

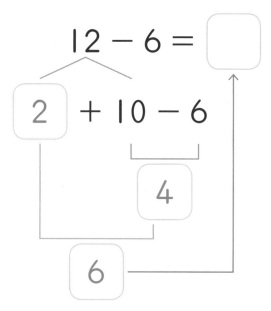

$$\boxed{2} + 10 - 6$$

$$\boxed{4}$$

$$\boxed{6}$$

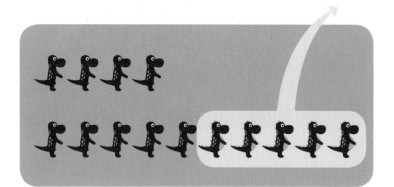

$$14 - 5 = \boxed{\phantom{0}}$$

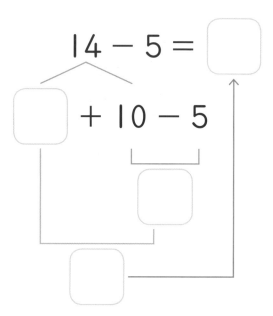

$$\boxed{\phantom{0}} + 10 - 5$$

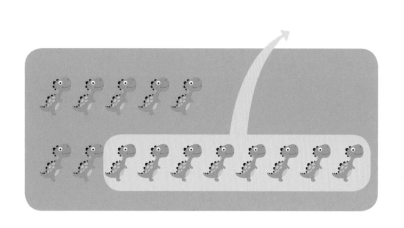

$$15 - 8 = \boxed{\phantom{0}}$$

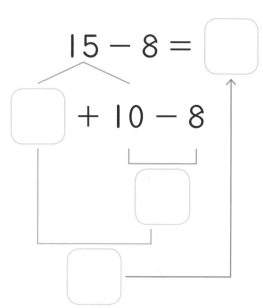

$$\boxed{\phantom{0}} + 10 - 8$$

$11 - 9 = \boxed{\phantom{0}}$

$\boxed{\phantom{0}} + 10 - 9$

$\boxed{\phantom{0}}$

$\boxed{\phantom{0}}$

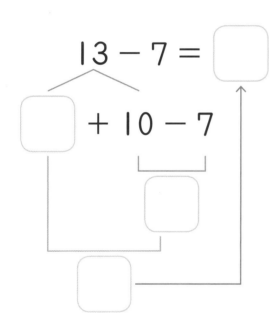

$13 - 7 = \boxed{\phantom{0}}$

$\boxed{\phantom{0}} + 10 - 7$

$\boxed{\phantom{0}}$

$\boxed{\phantom{0}}$

$12 - 4 = \boxed{\phantom{0}}$

$\boxed{\phantom{0}} + 10 - 4$

$\boxed{\phantom{0}}$

$\boxed{\phantom{0}}$

## 2 뺄셈을 해 보세요.

$15 - 6 = \boxed{\phantom{0}}$

$11 - 3 = \boxed{\phantom{0}}$

$14 - 7 = \boxed{\phantom{0}}$

$13 - 4 = \boxed{\phantom{0}}$

$12 - 5 = \boxed{\phantom{0}}$

$16 - 9 = \boxed{\phantom{0}}$

$17 - 8 = \boxed{\phantom{0}}$

◉ 양은 강아지보다 몇 마리 더 많을까요?

마리

하루
한장 **쏙셈** 시작편 **②**

# 바른답과 지도 가이드

## 셈하기

## 하루 한장, 이렇게 시작해 보세요!

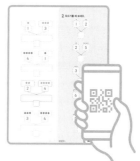

**❶** "바른답과 지도 가이드"의 책장을 넘기면 학습 계획표가 나와요. 아이와 함께 학습 계획을 세워 보세요.

**❷** 하루 한장 케이스에서 일차에 맞추어 한 장을 쏙 뽑아 매일매일 재미있게 공부해요.

**❸** 그날의 학습이 끝나면 스마트폰으로 학습지의 '정답 보기' QR 코드를 찍어 학습 인증하고 하루템을 모아요.

# ____의 학습 계획표

↳이름을 쓰세요.

| 주/일 | | 학습 내용 | 언제 공부할까요? | | 부모님이 확인해 주세요 |
|---|---|---|---|---|---|
| 1주 | 1일 | 9까지의 수 모으기 | 월 | 일 | |
| | 2일 | 9까지의 수 가르기 | 월 | 일 | |
| | 3일 | 9까지의 수 더하기(1) | 월 | 일 | |
| | 4일 | 9까지의 수 더하기(2) | 월 | 일 | |
| | 5일 | 9까지의 수 빼기(1) | 월 | 일 | |
| 2주 | 1일 | 9까지의 수 빼기(2) | 월 | 일 | |
| | 2일 | (몇십)+(몇) | 월 | 일 | |
| | 3일 | 받아올림이 없는 (몇십몇)+(몇) | 월 | 일 | |
| | 4일 | (몇십)+(몇십) | 월 | 일 | |
| | 5일 | 받아올림이 없는 (몇십몇)+(몇십몇) | 월 | 일 | |
| 3주 | 1일 | 받아내림이 없는 (몇십몇)−(몇) | 월 | 일 | |
| | 2일 | (몇십)−(몇십) | 월 | 일 | |
| | 3일 | (몇십몇)−(몇십) | 월 | 일 | |
| | 4일 | 받아내림이 없는 (몇십몇)−(몇십몇) | 월 | 일 | |
| | 5일 | 그림을 보고 덧셈과 뺄셈하기 | 월 | 일 | |
| 4주 | 1일 | 10이 되도록 모으기 하기 | 월 | 일 | |
| | 2일 | 10을 가르기 하기 | 월 | 일 | |
| | 3일 | 세 수의 덧셈 | 월 | 일 | |
| | 4일 | 세 수의 뺄셈 | 월 | 일 | |
| | 5일 | 10이 되는 더하기 | 월 | 일 | |
| 5주 | 1일 | 10에서 빼기 | 월 | 일 | |
| | 2일 | 10을 만들어 더하기(1) | 월 | 일 | |
| | 3일 | 10을 만들어 더하기(2) | 월 | 일 | |
| | 4일 | 10을 이용하여 모으기와 가르기 | 월 | 일 | |
| | 5일 | (몇)+(몇)=(십몇)(1) | 월 | 일 | |
| 6주 | 1일 | (몇)+(몇)=(십몇)(2) | 월 | 일 | |
| | 2일 | (몇)+(몇)=(십몇)(3) | 월 | 일 | |
| | 3일 | (십몇)−(몇)=(몇)(1) | 월 | 일 | |
| | 4일 | (십몇)−(몇)=(몇)(2) | 월 | 일 | |
| | 5일 | (십몇)−(몇)=(몇)(3) | 월 | 일 | |

주: 2주 2일~3주 5일 구간 — 받아올림이 없는 덧셈과 받아내림이 없는 뺄셈
주: 5주 2일~6주 5일 구간 — 받아올림이 있는 덧셈과 받아내림이 있는 뺄셈

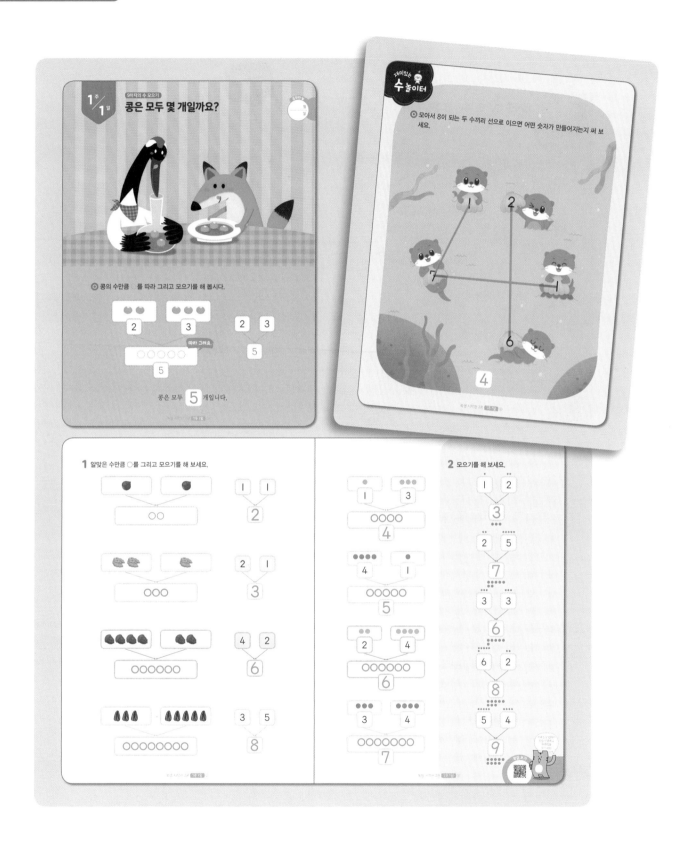

◎ 콩 2개와 3개를 모으기 하면 5개가 되므로 2와 3을 모으기 하면 5입니다. 그림을 그리고 그린 그림의 수를 세어 모으기의 개념을 이해할 수 있도록 해 주세요.

**2** 그림 없이 두 수를 모으기 해야 합니다. 주어진 수 위에 제시된 점의 수를 세어 모으기 할 수 있도록 도와주세요.

바둑돌, 장난감 블록, 빨대, 공깃돌 등의 물건을 이용하여 모으기 하여도 좋습니다.

**놀이터** 모으기 하여 8이 되는 두 수는 1과 7, 2와 6, 3과 5, 4와 4, 5와 3, 6과 2, 7과 1입니다. 1과 7, 7과 1, 2와 6을 모두 선으로 이어 볼 수 있도록 해 주세요.

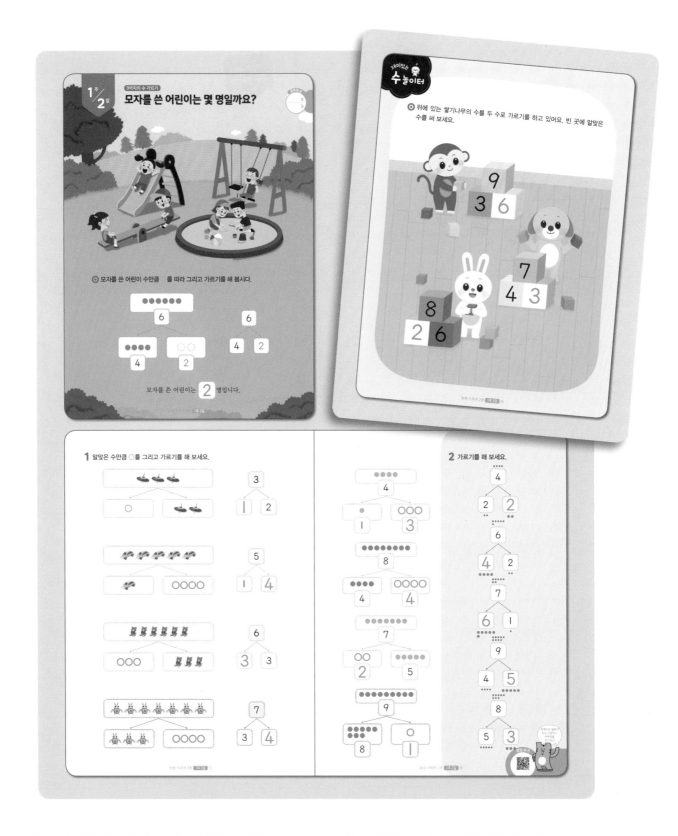

◎ 어린이 6명은 모자를 쓰지 않은 4명과 모자를 쓴 2명으로 가를 수 있으므로 6은 4와 2로 가르기 할 수 있습니다. 이외에도 6은 1과 5, 2와 4, 3과 3, 5와 1로 가를 수 있습니다. 이와 같이 한 수를 여러 가지 방법으로 가르기 할 수 있음을 알려주세요.

**2** 그림 없이 수를 가르기 해야 합니다.
주어진 수 위에 제시된 점의 수를 이용하여 가르기 할 수 있도록 도와주세요. 바둑돌, 장난감 블록, 빨대, 공깃돌 등의 물건을 이용하여 가르기 하여도 좋습니다.

**놀이터** 9는 3과 6, 7은 4와 3, 8은 2와 6으로 가르기 할 수 있습니다.

2

**1주/3일 사자는 모두 몇 마리일까요?**

엄마, 아빠 사자 2마리와 아기 사자 4마리가 있어요. 사자의 수만큼 ○를 따라 그리고 덧셈을 해 봅시다.

덧셈식 쓰기 2 + 4 = **6** ◁ 더하기는 +로, 같다는 =로 나타내요.

덧셈식 읽기
2 더하기 4는 **6** 과 같습니다.
2와 4의 합은 **6** 입니다.

---

빨간색 선과 파란색 선에 달려 있는 모형의 수를 각각 구해 보세요.

빨간색 선 → **3** + **4** = **7**
파란색 선 → **2** + **4** = **6**

---

**1** 알맞은 수만큼 ○를 그리고 덧셈을 해 보세요.

1 + 4 = **5**

3 + 4 = **7**

2 + 7 = **9**

5 + 3 = **8**

**2** 그림을 보고 덧셈식을 써 보세요.

**4** + **3** = **7**
●의 수    ●의 수

2 + 2 = **4**

5 + 1 = **6**

3 + 6 = **9**

**3** 덧셈을 해 보세요.

1 + 1 = **2**

2 + 3 = **5**

4 + 1 = **5**

5 + 2 = **7**

4 + 5 = **9**

6 + 2 = **8**

---

◎ ○를 2개 그린 후 4개를 이어서 그리면 ○는 6개입니다. 따라서 2와 4를 더하면 2+4=6입니다. 이와 같이 두 수를 합한 수로 나타내는 것이 덧셈식이라는 것을 알고 덧셈식을 바르게 쓰고 읽을 수 있도록 지도해 주세요.

**2** ●와 ●의 수의 합을 덧셈식으로 나타내어야 합니다. ●와 ●의 수를 쓰고 모두 몇 개인지 세어 덧셈식을 완성

할 수 있도록 도와주세요.

**놀이터** 빨간색 선에 달려 있는 모형은 왼쪽에 3개, 오른쪽에 4개이므로 3+4=7이고, 파란색 선에 달려 있는 모형은 왼쪽에 2개, 오른쪽에 4개이므로 2+4=6입니다.

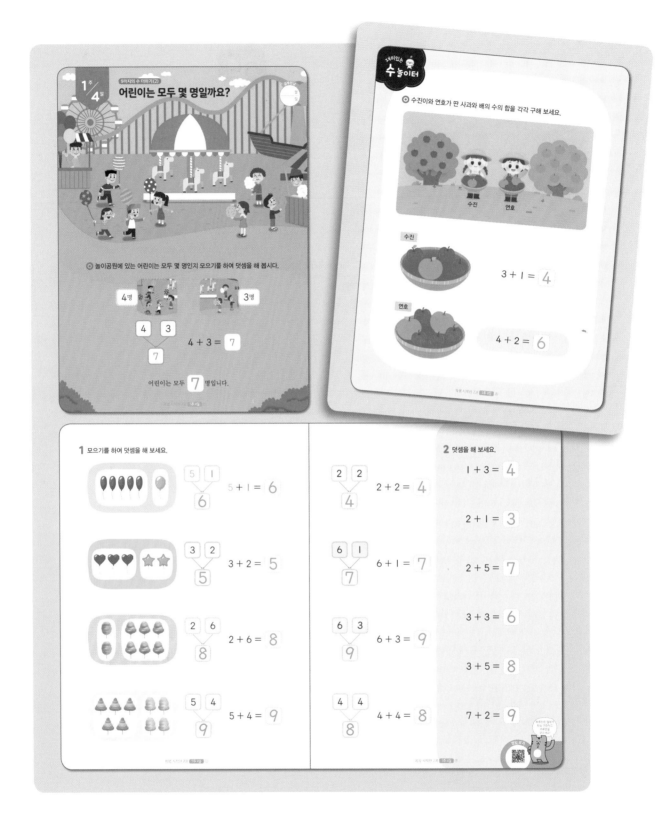

◎ 4와 3을 모으기 하면 7이므로 4와 3을 더하면 7입니다. 두 수를 모으기 해 보고 합을 구할 수 있도록 도와주세요. 또 모두 몇 명인지와 같이 전체의 수를 구할 때에는 덧셈식을 이용한다는 것을 알려주세요.

**2** ○를 그리거나 모으기를 이용하면 더 쉽게 합을 구할 수 있습니다.

○●●●● 또는 이므로 1+3=4입니다.

**놀이터** 수진이는 사과 3개, 배 1개를 땄으므로 3+1=4, 연호는 사과 4개, 배 2개를 땄으므로 4+2=6입니다.

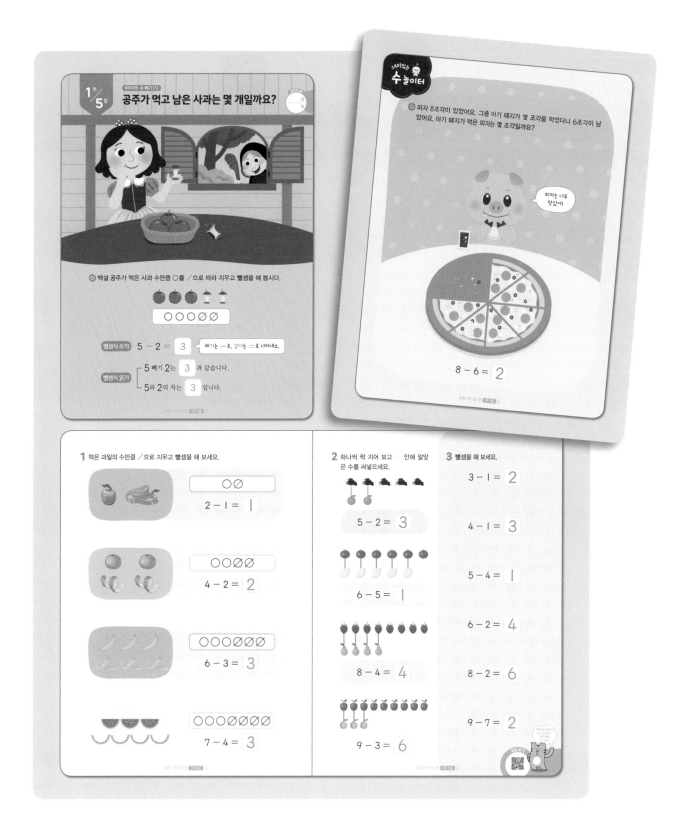

**공주가 먹고 남은 사과는 몇 개일까요?**

백설 공주가 먹은 사과 수만큼 ○를 /으로 따라 지우고 뺄셈을 해 봅시다.

○○○⊘⊘

빼셈식 쓰기  $5 - 2 = 3$  빼기는 —로, 같다는 =로 나타내요.

빼셈식 읽기  5 빼기 2는 $3$ 과 같습니다.
5와 2의 차는 $3$ 입니다.

피자 8조각이 있었어요. 그중 아기 돼지가 몇 조각을 먹었더니 6조각이 남았어요. 아기 돼지가 먹은 피자는 몇 조각일까요?

피자는 너무 맛있어!

$8 - 6 = 2$

**1** 먹은 과일의 수만큼 /으로 지우고 뺄셈을 해 보세요.

○⊘
$2 - 1 = 1$

○○⊘⊘
$4 - 2 = 2$

○○○⊘⊘⊘
$6 - 3 = 3$

○○○○⊘⊘⊘
$7 - 4 = 3$

**2** 하나씩 짝 지어 보고 안에 알맞은 수를 써넣으세요.

$5 - 2 = 3$

$6 - 5 = 1$

$8 - 4 = 4$

$9 - 3 = 6$

**3** 뺄셈을 해 보세요.

$3 - 1 = 2$

$4 - 1 = 3$

$5 - 4 = 1$

$6 - 2 = 4$

$8 - 2 = 6$

$9 - 7 = 2$

◉ ○를 5개 그린 후 2개만큼 지우면 남은 ○는 3개입니다. 따라서 5에서 2를 빼면 3입니다. 이와 같이 한 수에서 다른 수만큼 빼는 것이 뺄셈식이라는 것을 알고 뺄셈식을 바르게 쓰고 읽을 수 있도록 지도해 주세요.
또 몇 개 남았는지 알아볼 때에는 뺄셈을 이용하는 것을 알려주세요.

**1** 9까지의 수의 범위에서 할 수 있는 뺄셈을 연습해 봅니다. /으로 지우거나 하나씩 짝 지어 보고 계산할 수 있도록 도와주세요.

**놀이터** 전체 피자 8조각 중 몇 조각을 먹었더니 6조각이 남았으므로 먹은 피자는 $8 - 6 = 2$(조각)입니다.

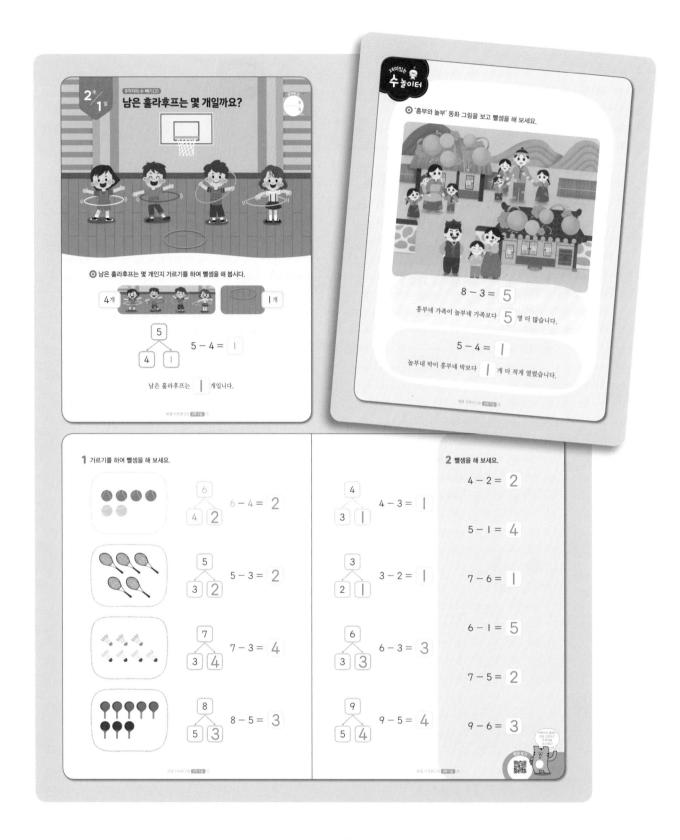

⊙ 5는 4와 1로 가를 수 있으므로 5에서 4를 빼면 1입니다. 수를 가르기 해 보고 차를 구할 수 있도록 도와주세요.

**2** ○를 그려 지우거나 가르기를 이용하면 더 쉽게 차를 구할 수 있습니다.

⬜○○⊘⊘⬜ 또는 이므로 4－2＝2입니다.

**놀이터** 흥부네 가족은 8명, 놀부네 가족은 3명이므로 흥부네 가족이 놀부네 가족보다 8－3＝5(명) 더 많습니다. 흥부네 박은 5개, 놀부네 박은 4개이므로 놀부네 박이 흥부네 박보다 5－4＝1(개) 더 적게 열렸습니다. 그림을 보고 알맞게 차를 구할 수 있게 도와주세요.

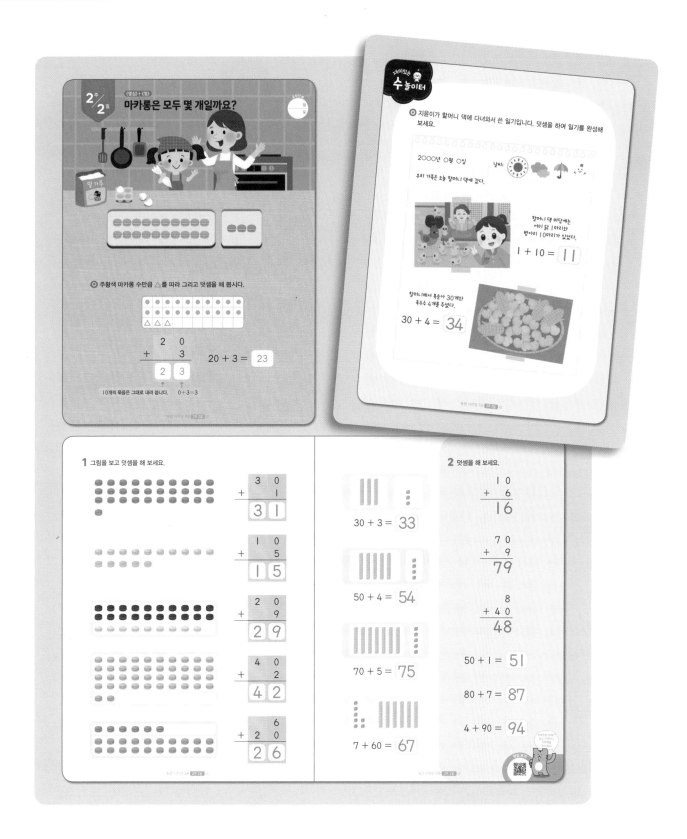

**2주/2일** (몇십)＋(몇)

**마카롱은 모두 몇 개일까요?**

◉ 주황색 마카롱 수만큼 △를 따라 그리고 덧셈을 해 봅시다.

```
    2  0
 +     3     20 + 3 = 23
  [2][3]
```
↑ 10개씩 묶음은 그대로 내려 씁니다.   ↑ 0＋3＝3

◉ 지윤이가 할머니 댁에 다녀와서 쓴 일기입니다. 덧셈을 하여 일기를 완성해 보세요.

2000년 ○월 ○일   날씨:

우리 가족은 오늘 할머니 댁에 갔다.

할머니 댁 마당에는 어미 닭 1마리와 병아리 10마리가 있었다.

$1 + 10 = \boxed{11}$

할머니께서 복숭아 30개와 옥수수 4개를 주셨다.

$30 + 4 = \boxed{34}$

**1** 그림을 보고 덧셈을 해 보세요.

```
     3  0
  +     1
   [3][1]
```

```
     1  0
  +     5
   [1][5]
```

```
     2  0
  +     9
   [2][9]
```

```
     4  0
  +     2
   [4][2]
```

```
        6
  +  2  0
   [2][6]
```

$30 + 3 = 33$

$50 + 4 = 54$

$70 + 5 = 75$

$7 + 60 = 67$

**2** 덧셈을 해 보세요.

```
    1  0
 +     6
   1  6
```

```
    7  0
 +     9
   7  9
```

```
       8
 +  4  0
   4  8
```

$50 + 1 = \boxed{51}$

$80 + 7 = \boxed{87}$

$4 + 90 = \boxed{94}$

---

◉ 연두색 마카롱 20개와 주황색 마카롱 3개를 더하면 모두 23개입니다. 세로셈으로 낱개는 낱개끼리, 10개씩 묶음은 10개씩 묶음끼리 더하는 것을 먼저 익힌 후 가로셈을 할 수 있도록 해 주세요. 덧셈을 할 때 앞부터 먼저 더할 수 있으므로 낱개끼리 먼저 더할 수 있도록 지도해 주세요.

20＋3＝50과 같이 앞부터 먼저 더하지 않도록 살펴주세요.

**놀이터** 어미 닭은 1마리, 병아리는 10마리이므로 1＋10＝11입니다. 복숭아는 30개, 옥수수는 4개이므로 30＋4＝34입니다. 그림을 보고 덧셈을 바르게 할 수 있도록 도와주세요.

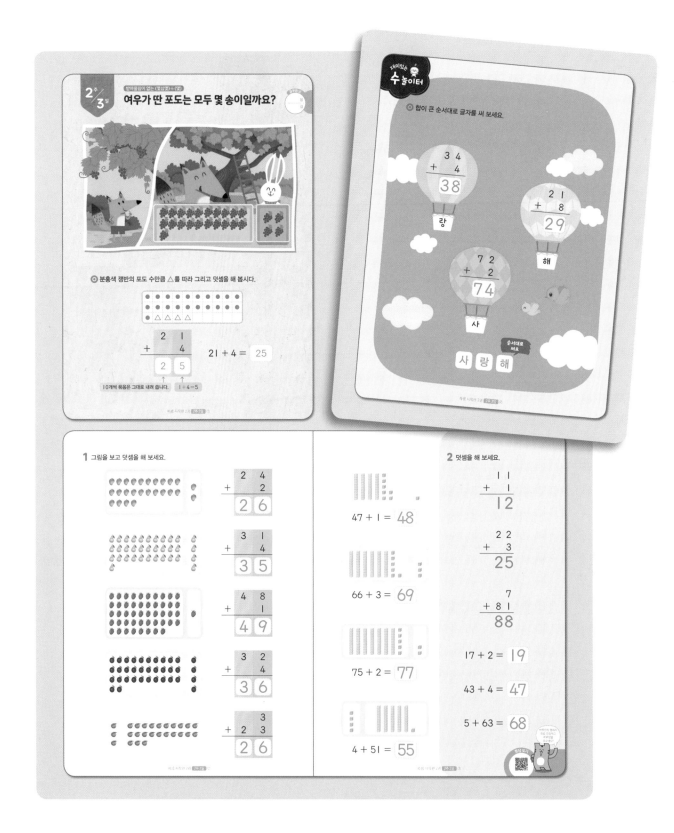

### 2주/3일 여우가 딴 포도는 모두 몇 송이일까요?

분홍색 쟁반의 포도 수만큼 △를 따라 그리고 덧셈을 해 봅시다.

|   | 2 | 1 |
|---|---|---|
| + |   | 4 |
|   | 2 | 5 |

21 + 4 = 25

10개씩 묶음은 그대로 내려 씁니다.  1+4=5

**재미있는 수놀이터**

합이 큰 순서대로 글자를 써 보세요.

```
  3 4
+   4
  3 8
  랑
```

```
  2 1
+   8
  2 9
  해
```

```
  7 2
+   2
  7 4
  사
```

순서대로 써요

사 랑 해

**1** 그림을 보고 덧셈을 해 보세요.

|   | 2 | 4 |
|---|---|---|
| + |   | 2 |
|   | 2 | 6 |

|   | 3 | 1 |
|---|---|---|
| + |   | 4 |
|   | 3 | 5 |

|   | 4 | 8 |
|---|---|---|
| + |   | 1 |
|   | 4 | 9 |

|   | 3 | 2 |
|---|---|---|
| + |   | 4 |
|   | 3 | 6 |

|   |   | 3 |
|---|---|---|
| + | 2 | 3 |
|   | 2 | 6 |

**2** 덧셈을 해 보세요.

47 + 1 = 48

66 + 3 = 69

75 + 2 = 77

4 + 51 = 55

```
  1 1
+   1
  1 2
```

```
  2 2
+   3
  2 5
```

```
    7
+ 8 1
  8 8
```

17 + 2 = 19

43 + 4 = 47

5 + 63 = 68

◎ 주황색 쟁반의 포도 21송이와 분홍색 쟁반의 포도 4송이를 더하면 모두 25송이입니다. 세로셈으로 낱개는 낱개끼리 더해서 낱개의 자리에 쓰고, 10개씩 묶음은 그대로 내려 쓰도록 지도해 주세요.

**1** 24보다 2 큰 수를 구할 때 그림을 보고 하나씩 이어 세어 보면 24, 25, 26이므로 24+2=26입니다.
+1 +1

**놀이터** 34+4=38, 21+8=29, 72+2=74이고 74>38>29이므로 합이 큰 순서대로 글자를 쓰면 '사랑해'입니다. 두 자리 수끼리의 크기를 비교할 때 10개씩 묶음의 수부터 비교합니다. 10개씩 묶음의 수가 클수록 큰 수이고, 10개씩 묶음의 수가 같으면 낱개의 수가 클수록 큰 수입니다.

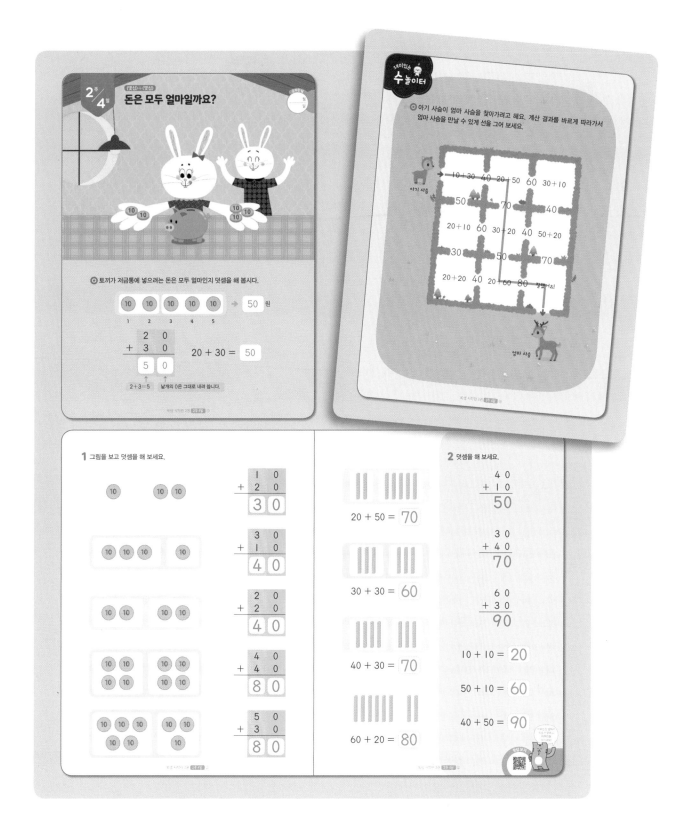

○ 10원짜리 동전 2개와 10원짜리 동전 3개를 더하면 10원짜리 동전은 5개이므로 돈은 모두 50원입니다. (몇십)＋(몇십)의 계산은 낱개의 0은 그대로 쓰고, 10개씩 묶음은 10개씩 묶음끼리 더하도록 지도해 주세요.

1 10원짜리 동전의 수를 세어 모두 얼마인지 알아볼 수 있습니다. 세로셈으로 10개씩 묶음끼리 더하고 낱개에는

0을 써서 계산하고 동전이 얼마인지 비교하여 정확하게 덧셈을 할 수 있도록 도와주세요. 이때 10개씩 묶음이 ■개이면 ■0으로 쓸 수 있는 것도 알려주세요.

놀이터 10＋30＝40, 20＋50＝70, 30＋20＝50, 20＋60＝80을 차례대로 따라가며 선을 그으면 엄마 사슴을 만날 수 있습니다.

◎ 파란색 수수깡 35개와 주황색 수수깡 12개를 더하면 10개씩 묶음은 4개, 낱개는 7개이므로 모두 47개입니다. 세로셈으로 낱개는 낱개끼리 더하여 낱개의 자리에 쓰고, 10개씩 묶음은 10개씩 묶음끼리 더하여 10개씩 묶음의 자리에 쓸 수 있도록 지도해 주세요.

2 가로셈을 세로로 나타내어 계산하면 더 정확하게 계산

할 수 있습니다. 이때 자리를 정확히 맞추어 계산할 수 있도록 지도해 주세요.

놀이터 12＋35＝47, 40＋23＝63, 21＋22＝43, 53＋11＝64이므로 계산 결과에 알맞게 색칠할 수 있도록 도와주세요.

○15개에서 3개를 / 으로 지우면 12개가 남으므로 남은 장미는 12송이입니다. 세로셈으로 낱개는 낱개끼리 빼고, 10개씩 묶음은 그대로 내려 쓰는 것을 먼저 익힌 후 가로셈을 할 수 있도록 해 주세요.

**1** 꽃 10송이씩 1묶음과 2송이에서 1송이를 빼면 11송이가 남으므로 12─1=11입니다.

같은 방법으로 그림을 보고 뺄셈을 할 수 있도록 지도해 주세요.

**2** 가로셈으로 계산하기 어려워할 경우 세로셈으로 바꾸어 계산할 수 있도록 도와주세요.

**놀이터** 38─2=36, 59─6=53이므로 알맞게 선으로 이어 볼 수 있도록 도와주세요.

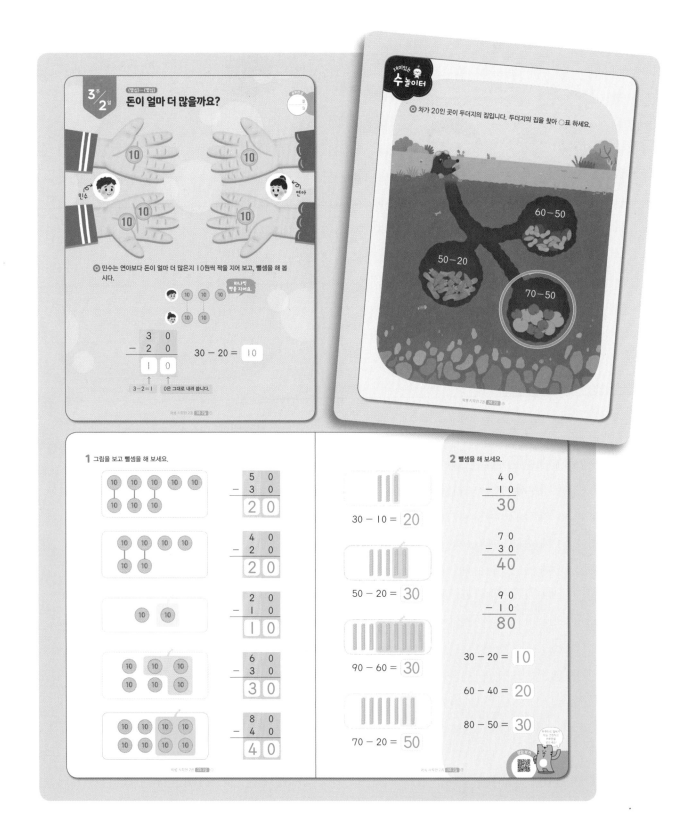

○ 10원씩 짝을 지어 보면 민수가 가진 10원짜리 동전이 1개 남으므로 30원이 20원보다 10원 더 많습니다. 세로셈으로 낱개의 0은 그대로 내려 쓰고, 10개씩 묶음은 10개씩 묶음끼리 빼도록 지도해 주세요.

**1** 50원과 30원을 10원씩 짝을 지어 보면 20원이 남으므로 50－30＝20이고, 20원에서 10원을 빼면 10원

이 남으므로 20－10＝10입니다. 그림을 보고 얼마가 남는지 찾으면 더 쉽게 뺄셈을 할 수 있습니다.

**2** 가로셈으로 계산하기 어려워할 경우 세로셈으로 바꾸어 계산할 수 있도록 도와주세요.

**놀이터** 60－50＝10, 50－20＝30, 70－50＝20 이므로 차가 20인 곳에 ○표 할 수 있도록 해 주세요.

12

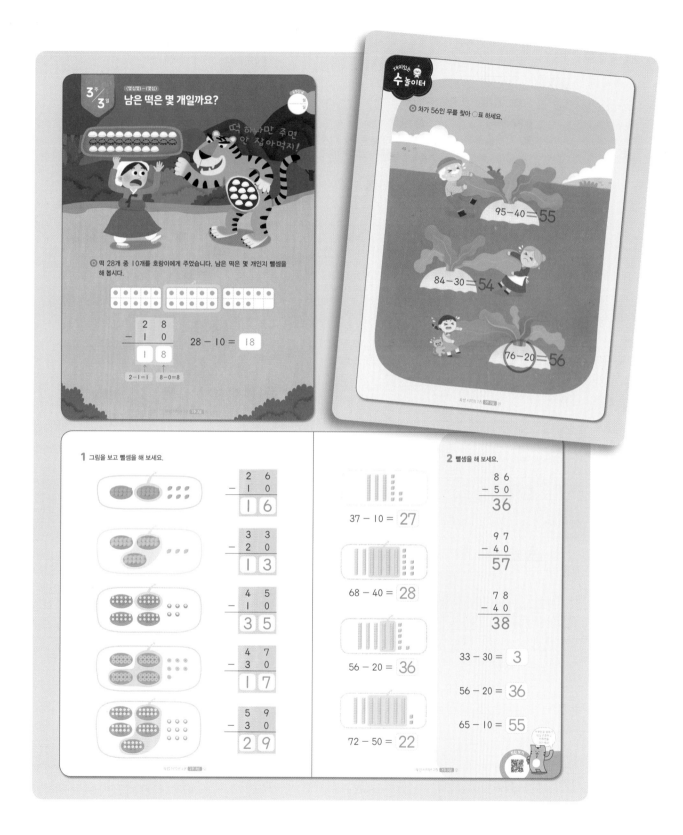

◎● 28개에서 10개를 빼면 18개가 남으므로 남은 떡은 18개입니다. 세로셈으로 낱개는 낱개끼리 빼고, 10개씩 묶음은 10개씩 묶음끼리 빼도록 지도해 주세요.

1 떡 10개씩 2접시와 6개에서 10개씩 1접시를 빼면 16개가 남으므로 26 − 10 = 16입니다.
이와 같이 그림을 보고 뺄셈을 할 수 있도록 지도해 주세요.

2 몇십몇에서 몇십을 빼면 낱개의 수는 변하지 않는다는 것을 알려주세요.

놀이터 95 − 40 = 55, 84 − 30 = 54, 76 − 20 = 56 이므로 76 − 20이 적힌 무를 찾아 ○표 할 수 있도록 해 주세요.

13

◎● 26개에서 14개를 빼면 12개가 남으므로 남은 색연필은 12자루입니다. 세로셈으로 낱개는 낱개끼리 빼고, 10개씩 묶음은 10개씩 묶음끼리 빼도록 지도해 주세요.
**1** 색연필 10자루씩 2상자와 5자루에서 10자루씩 1상자와 1자루를 빼면 14자루가 남으므로 25-11=14입니다.

이와 같이 그림을 보고 뺄셈을 할 수 있도록 지도해 주세요.
**2** 가로셈으로 계산하기 어려워할 경우 세로셈으로 바꾸어 계산할 수 있도록 도와주세요.
**놀이터** 35와 15의 차는 35-15=20, 56과 42의 차는 56-42=14, 48과 21의 차는 48-21=27이므로 알맞게 이어 볼 수 있도록 도와주세요.

**14**

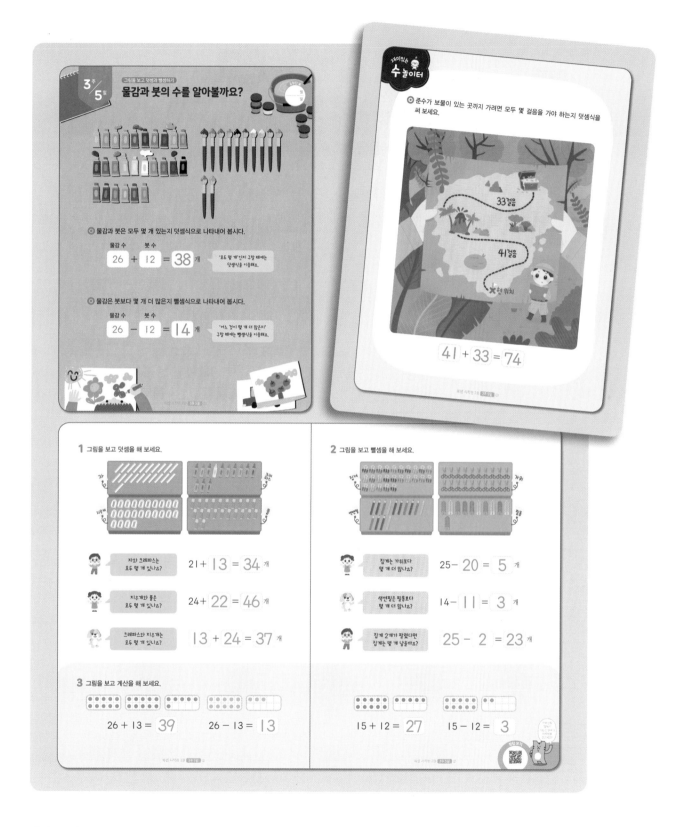

◎ 주어진 그림을 보고 다양한 덧셈, 뺄셈 문제를 자유롭게 만들어 해결할 수 있도록 지도해 주세요. 전체의 수를 구할 때에는 '덧셈식'을, 남은 수를 구하거나 몇 개 더 많은지 구할 때에는 '뺄셈식'을 이용하는 것을 알려주세요.

1 자는 21개, 크레파스는 13개, 지우개는 24개, 풀은 22개입니다. 먼저 그림의 수를 세어 보고 덧셈식을 완성할 수 있도록 해 주세요.

2 집게는 25개, 가위는 20개, 색연필은 14개, 필통은 11개입니다. 먼저 그림의 수를 세어 보고 뺄셈식을 완성할 수 있도록 해 주세요.

놀이터 41걸음을 가고 33걸음을 더 가야 하므로 모두 41＋33＝74(걸음)을 가야 합니다.

**15**

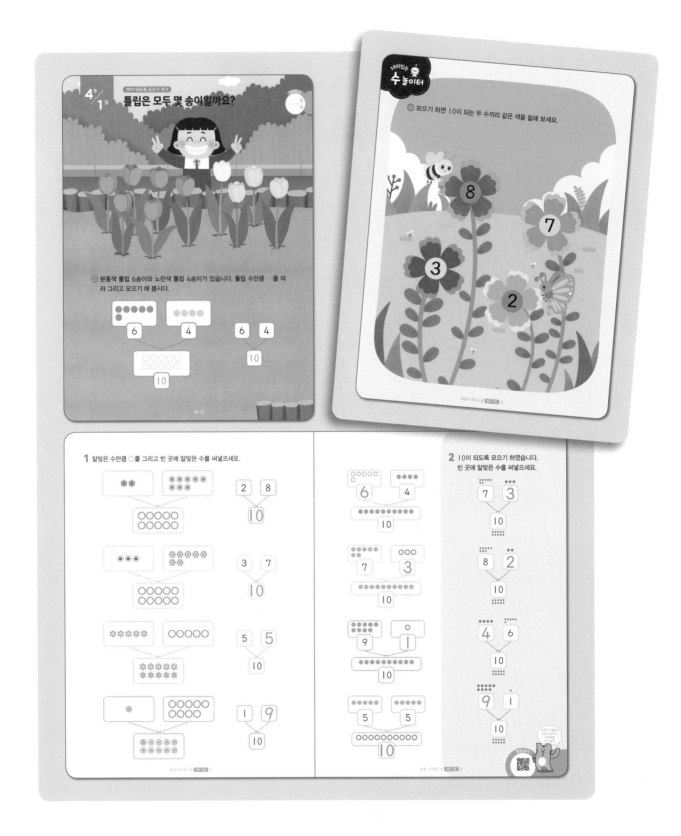

◎ 10이 되는 모으기를 알려주세요.

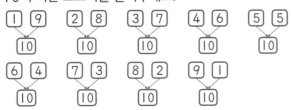

**1** 꽃 2개와 8개를 모으기 하면 10개이므로 2와 8을 모으기 하면 10입니다. 그림을 이용하여 10이 되는 모으기를 완성할 수 있도록 도와주세요.

**놀이터** 8과 2, 3과 7을 모으기 하면 10이 됩니다. 8과 2를 같은 색으로, 3과 7을 같은 색으로 색칠할 수 있도록 해 주세요.

◎ 10을 가르기 하는 경우를 알려주세요.

1 해 10개를 4개와 6개로 가르기 할 수 있으므로 10을 4와 6으로 가르기 할 수 있습니다. 이와 같이 10을 여러 가지 수로 가르기 할 수 있도록 도와주세요.

**놀이터** 10은 8과 2, 5와 5, 4와 6으로 가르기 할 수 있습니다. 가르기를 거꾸로 하면 모으기이므로 모으기 하여 10이 되는 비행기를 찾아도 됩니다.

◎ 세 수의 덧셈은 앞의 두 수를 먼저 더하고, 두 수를 더해 나온 수에 나머지 한 수를 더하도록 해 주세요. 세 수를 더하는 순서를 바꾸어도 계산 결과는 같지만 이번 차시에서는 앞에서부터 차례대로 더하는 것을 익히도록 해 주세요.

**2** 계산 순서를 ⌐로 표시하면서 계산하면 더 정확하게 계산할 수 있습니다.

앞의 두 수를 더하고 더해 나온 수에 나머지 한 수를 더하여 답을 구할 수 있도록 지도해 주세요.

**놀이터** 세 수의 덧셈을 하고 알맞게 이을 수 있도록 도와 주세요.

$4+2+1=6+1=7, 4+1+4=5+4=9,$
$1+2+3=3+3=6$

세 수의 뺄셈
**트럭에 남은 상자는 몇 개일까요?**

◎ 트럭에 남은 상자는 몇 개인지 /을 따라 지우고 뺄셈을 해 봅시다.

6  −2  −1

$6 - 2 - 1 = 3$

앞에서부터
차례대로
계산해요!

◎ 차가 2인 전구를 찾아 ○표 하세요.

$6-1-2=3$

$7-3-1=3$

$9-5-2=2$

**1** 알맞은 수만큼 /으로 지우고 세 수의 뺄셈을 해 보세요.

$6 - 2 - 1 = 3$

$4 - 1 - 1 = 2$

$7 - 4 - 1 = 2$

$8 - 2 - 2 = 4$

$3 - 1 - 1 = 1$

$5 - 2 - 2 = 1$

$8 - 4 - 1 = 3$

$9 - 3 - 4 = 2$

**2** 세 수의 뺄셈을 해 보세요.

$4 - 1 - 2 = 1$

$5 - 3 - 1 = 1$

$6 - 2 - 2 = 2$

$7 - 1 - 3 = 3$

$8 - 1 - 2 = 5$

$9 - 2 - 3 = 4$

◎ 세 수의 뺄셈은 앞의 두 수의 뺄셈을 먼저 하고, 두 수의 뺄셈을 하여 나온 수에서 나머지 한 수를 빼도록 지도해 주세요. 세 수의 뺄셈은 순서를 바꾸어 계산하면 결과가 달라질 수도 있으므로 반드시 앞에서부터 두 수씩 차례대로 계산하도록 지도해 주세요.

**2** 계산 순서를 ⌐로 표시하면서 계산하면 더 쉽게 계산

할 수 있습니다. 반드시 앞에서부터 차례대로 계산할 수 있도록 지도해 주세요.

**놀이터** 세 수의 뺄셈을 하고 알맞은 전구를 찾을 수 있도록 도와주세요.

$6-1-2=5-2=3, 7-3-1=4-1=3,$
$9-5-2=4-2=2$

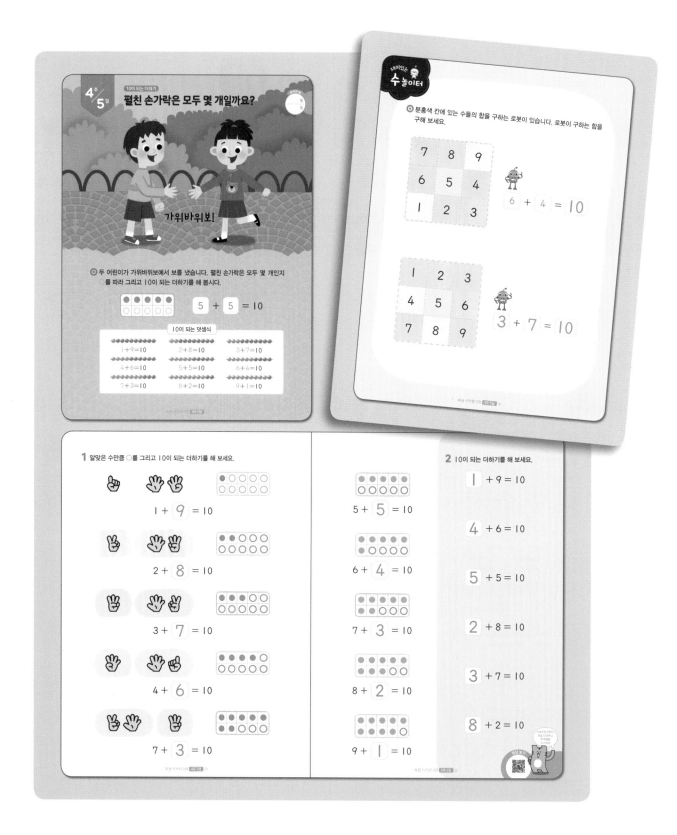

⊙ 10이 되는 덧셈은 받아올림이 있는 덧셈을 하는 데 기초가 됩니다. 손가락을 이용하거나 그림을 그려 10에 대한 보수를 충분히 익힐 수 있도록 지도해 주세요.

**1** 모두 10개가 되도록 수를 세어 가며 ○를 그리고 10이 되는 덧셈식을 완성할 수 있도록 해 주세요.

**2** 손가락을 이용하면 10이 되는 덧셈식을 쉽게 완성할 수 있습니다. 주어진 수만큼 손가락을 접고 10개의 손가락을 다 접으려면 몇 개의 손가락을 더 접어야 하는지 생각하여 답을 구할 수 있도록 도와주세요.

**놀이터** 로봇이 구한 합이 10이 되는 덧셈식이 되는지 확인할 수 있도록 지도해 주세요.

○ 10에서 빼는 뺄셈은 받아내림이 있는 뺄셈을 하는 데 기초가 됩니다. 다음과 같은 10에서 빼는 뺄셈식을 이해할 수 있도록 도와주세요.

| 10−1=9 | 10−2=8 | 10−3=7 | 10−4=6 | 10−5=5 |
|---|---|---|---|---|
| 10−6=4 | 10−7=3 | 10−8=2 | 10−9=1 | |

**1** 마신 음료수의 수만큼 / 으로 지워 문제를 해결할 수 있도록 지도해 주세요.

**3** 손가락 10개를 이용하여 10에서 빼기를 하면 쉽게 할 수 있습니다. 10에서 빼는 수만큼 손가락을 접어 보거나 남은 수만큼 손가락이 펼쳐지도록 하여 답을 구할 수 있게 도와주세요.

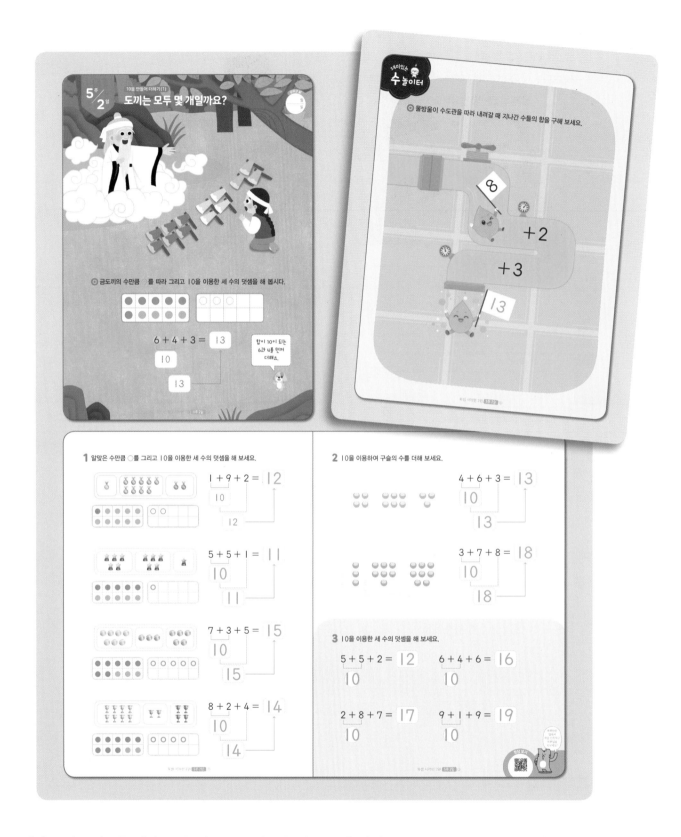

◎ 앞의 두 수 6과 4를 더해 10을 만들고 10과 3을 더해 13을 구합니다. 이와 같이 앞의 두 수를 더해 10을 만들고 만든 10에 나머지 수를 더하여 세 수의 합을 구할 수 있도록 지도해 주세요.

**1** 그림을 보고 10을 만들고 남은 한 수만큼 ○를 그려 보면서 세 수의 덧셈 계산을 이해할 수 있도록 지도해 주세요.

**3** 합이 10이 되는 두 수 1과 9, 2와 8, 3과 7, 4와 6, 5와 5를 찾아 먼저 더할 수 있도록 도와주세요. 먼저 구한 10과 남은 한 수를 더하면 더 쉽게 계산할 수 있습니다.

**놀이터** 8과 2를 더해 10을 만들고 10과 3을 더해 13을 구할 수 있도록 해 주세요.

22

5주
3일 10을 만들어 더하기(2)
**주사위 눈의 수는 모두 얼마일까요?**

◎ 주사위 눈의 수는 모두 얼마인지 10을 이용한 세 수의 덧셈을 해 봅시다.

$4 + 5 + 5 = 14$
10
14

합이 10이 되는 5와 5를 먼저 더해요.

◎ 엄마와 재영이가 산 세 야채의 수의 합을 구해 보세요.

재영    엄마

$4 + 3 + 7 = 14$

**1** 점의 수를 보고 10을 이용한 세 수의 덧셈을 해 보세요.

$3 + 6 + 4 = 13$
10
13

$2 + 5 + 5 = 12$
10
12

$4 + 1 + 9 = 14$
10
14

$1 + 8 + 2 = 11$
10
11

**2** 10을 이용하여 보석의 수를 더해 보세요.

$6 + 5 + 5 = 16$
10
16

$4 + 7 + 3 = 14$
10
14

**3** 10을 이용한 세 수의 덧셈을 해 보세요.

$7 + 2 + 8 = 17$    $1 + 4 + 6 = 11$
10                 10

$8 + 3 + 7 = 18$    $5 + 9 + 1 = 15$
10                 10

◎ 뒤의 두 수 5와 5를 더해 10을 만들고 4와 10을 더해 14를 구합니다. 이와 같이 뒤의 두 수를 더했을 때 10이 되면 뒤의 두 수를 먼저 더하는 것이 더 편리함을 알려주세요.
**1** 뒤의 두 점의 수를 먼저 더하여 10을 만듭니다. 이와 같이 10을 이용한 세 수의 덧셈 계산을 이해할 수 있도록 지도해 주세요.

**3** 합이 10이 되는 두 수 1과 9, 2와 8, 3과 7, 4와 6, 5와 5를 찾아 먼저 더할 수 있도록 도와주세요. 뒤의 두 수를 먼저 계산해도 계산 결과는 같다는 것을 함께 알려주세요.

**놀이터** 뒤의 두 수 3과 7을 더해 10을 만들고 4와 10을 더해 14를 구할 수 있도록 해 주세요.

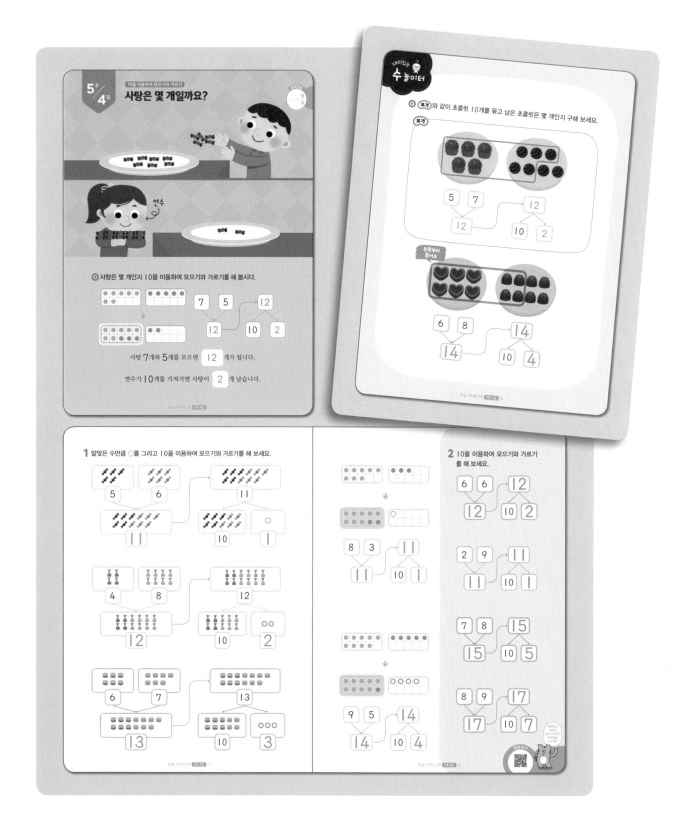

◎ 왼쪽 수판에 ●를 7개, 오른쪽 수판에 ●를 5개 그리고, ● 3개를 왼쪽 수판에 옮겨서 10개를 만들면 10개와 2개가 되는 것을 알 수 있습니다. 이와 같이 10을 이용하여 모으기와 가르기 하는 연습을 할 수 있도록 도와주세요.

**1** 사탕 5개와 6개를 모으면 11개입니다. 11개는 10개와 1개로 가를 수 있습니다.

**2** 수를 바로 모으고 가르기 어려운 경우 그림을 그려 해결할 수 있도록 도와주세요.

**놀이터** 왼쪽 초콜릿 6개와 오른쪽 초콜릿 4개를 묶으면 10개를 만들 수 있으므로 남은 초콜릿은 4개입니다. 따라서 6과 8을 모으면 14가 되고 14는 10과 4로 가를 수 있습니다.

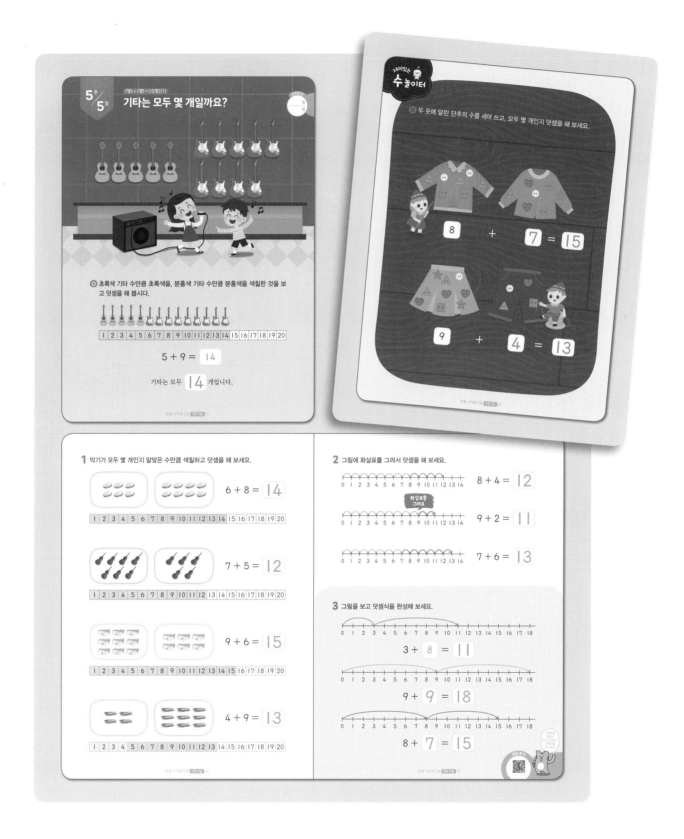

◎ 앞의 수만큼 칸을 색칠하고 이어서 뒤의 수만큼 칸을 색칠해 보도록 지도해 주세요. 전체 칠한 칸 수가 두 수의 합이 됨을 알려주세요.

**1** 수 막대에 6칸을 먼저 색칠하고 이어서 8칸을 색칠하면 14칸이므로 6+8=14입니다. 색칠한 전체 칸 수를 세어 (몇)+(몇)=(십몇)이 되는 덧셈을 연습해 보세요.

**3** 수직선에 3칸을 먼저 뛰어 세고 이어서 8칸을 이어 세면 11이 되므로 3+8=11입니다.
수직선에 뛰어 센 칸을 세어 덧셈식을 완성할 수 있도록 지도해 주세요.

**놀이터** 수 막대를 그리거나 수직선을 이용하여 이어 세기를 하면 두 수의 합을 쉽게 구할 수 있어요.

25

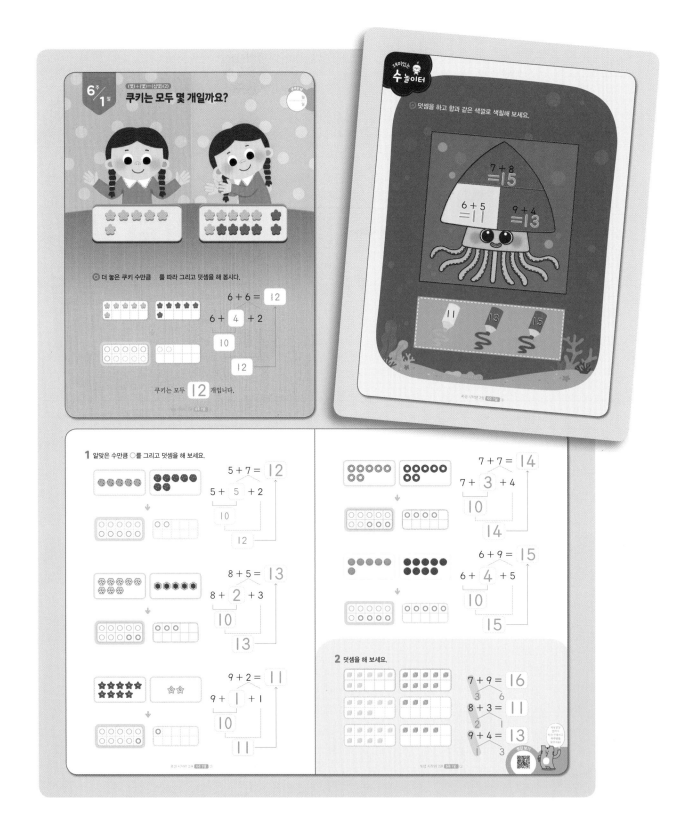

○ 뒤의 수 6을 4와 2로 가르고 앞의 수 6과 4를 더해 10을 만들어요. 만든 10과 남은 2를 더하면 12가 되는 것을 설명해 주세요. 이와 같이 뒤의 수를 가르기 하여 10을 만들고 남은 수를 더하는 방법으로 (몇)＋(몇)＝(십몇) 이 되는 덧셈을 연습할 수 있도록 지도해 주세요.

**1** 왼쪽 수판에 ○를 5개 더 그려 10을 만들고 오른쪽

수판에 남은 ○를 2개 더 그리면 모두 12개가 됩니다. 즉, 뒤의 수 7을 5와 2로 가르기 한 후 5와 5를 더해서 10을 만들고 만든 10과 남은 2를 더하면 12가 됩니다.

**놀이터** 7＋8＝15, 6＋5＝11, 9＋4＝13

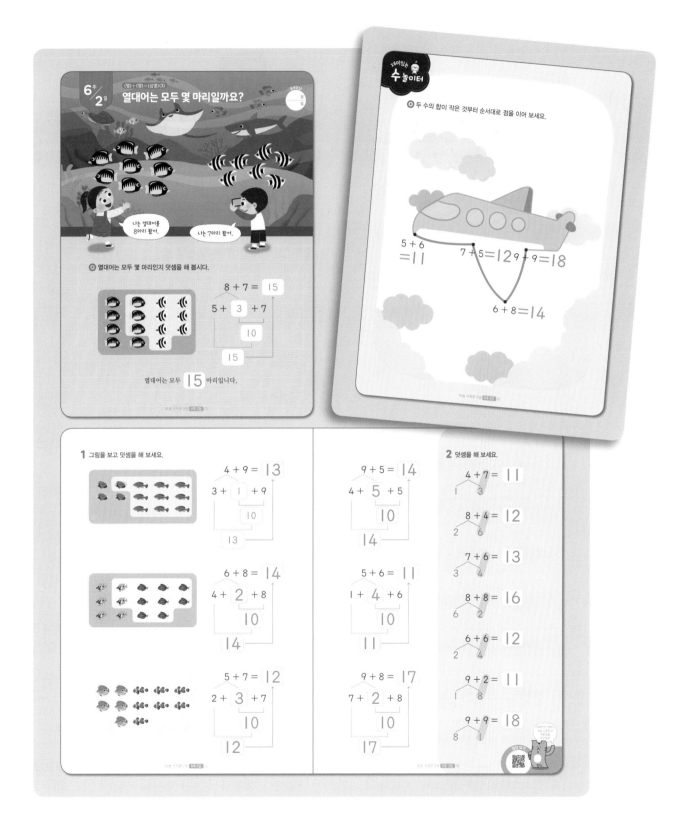

○ 앞의 수 8을 5와 3으로 가르고 3과 뒤의 수 7을 더해 10을 만들어요. 만든 10과 남은 5를 더하면 15가 되는 것을 설명해 주세요. 이와 같이 앞의 수를 가르기 하여 10을 만들고 남은 수를 더하는 방법으로 (몇)＋(몇)＝(십몇)이 되는 덧셈을 연습할 수 있도록 지도해 주세요.

1 뒤에 있는 물고기 9마리와 앞에 있는 물고기 1마리를 묶어 10마리를 만들고 남은 3마리와 더하면 13마리가 됩니다. 즉, 앞의 수 4를 3과 1로 가르기 한 후 1과 9를 더하여 10을 만들고 남은 3과 10을 더하면 13이 됩니다.

**놀이터** 5＋6＝11, 7＋5＝12, 6＋8＝14, 9＋9＝18

1 4    2 5    4 2    8 1

27

◎ 빨간색 종이학과 초록색 종이학의 수를 하나씩 짝 지어 어느 종이학이 몇 개 더 많은지 비교할 수 있습니다. 하나씩 짝 지었을 때 남는 수가 뺄셈식의 차가 된다는 것을 알려주세요.

2 수직선에서 오른쪽으로 12칸을 가고 왼쪽으로 5칸을 되돌아오면 7이 되므로 12−5=7입니다.

이와 같이 수직선을 이용하여 뺄셈을 할 수 있도록 지도해 주세요.

놀이터 오른쪽으로 뛴 칸의 수와 왼쪽으로 뛴 칸의 수를 보기 에 주어진 화살표와 비교하여 차를 알맞게 구할 수 있도록 지도해 주세요.

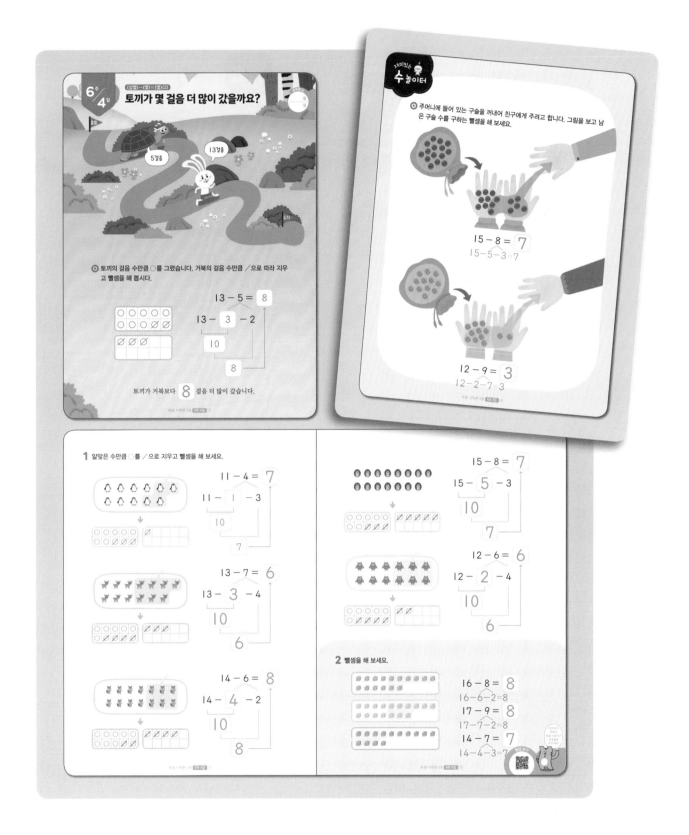

⊙ 뒤의 수 5를 3과 2로 가른 다음 13에서 3을 빼고 남은 10에서 2를 빼면 8이 되는 것을 설명해 주세요. 이와 같이 뒤의 수를 가르기 한 후 앞의 수에서 빼서 10을 만들고 남은 수를 더 빼는 방법으로 (십몇)−(몇)=(몇)이 되는 뺄셈을 연습할 수 있도록 지도해 주세요.

**1** 수판에 그린 11개의 ○ 중 오른쪽 수판에 있는 ○부터 먼저 지운 다음 남은 수만큼 왼쪽 수판에 있는 ○를 지우면 7개가 남습니다. 즉, 뒤의 수 4를 1과 3으로 가르기 하고 11에서 1을 빼서 10을 만들고 만든 10에서 3을 더 빼면 7이 됩니다.

**놀이터** 주머니에 들어 있는 구슬을 양손에 꺼내어 그중 화살표만큼 친구에게 주고 남은 구슬 수를 구하는 문제입니다.

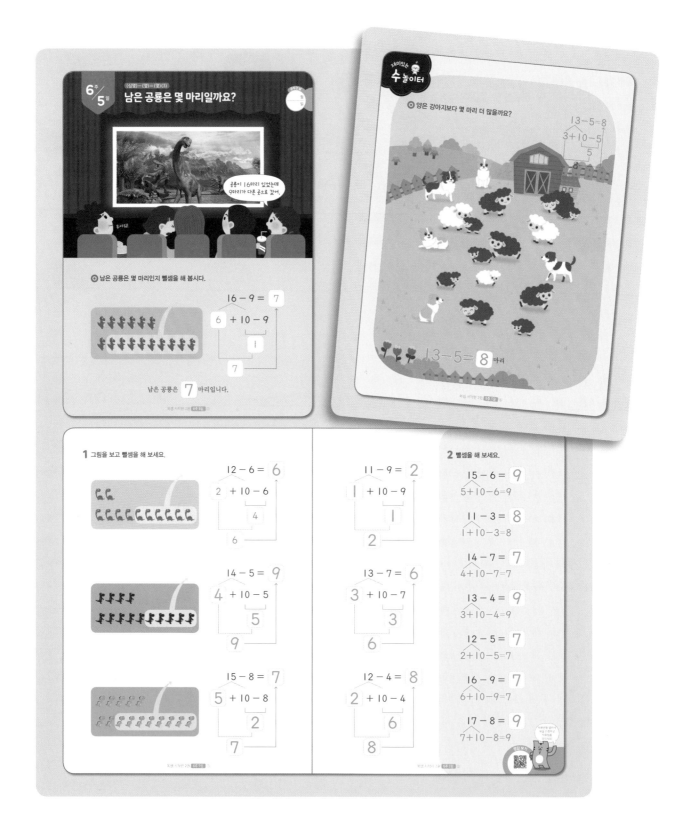

○ 앞의 수 16을 6과 10으로 가르고 10에서 9를 뺀 수인 1에 남은 6을 더하면 7이 되는 것을 설명해 주세요. 이와 같이 앞의 수를 몇과 10으로 가르기 하고 10에서 빼는 수를 뺀 다음 남은 몇을 더하는 방법으로 (십몇)−(몇)=(몇)이 되는 뺄셈을 연습할 수 있도록 지도해 주세요.

**1** 공룡 12마리를 위에 2마리, 아래에 10마리를 그리고

아래의 10마리에서 6마리를 빼면 4마리가 남습니다. 위의 2마리와 아래의 4마리를 더하면 6마리가 되므로 12−6=6입니다. 즉, 앞의 수를 2와 10으로 가르기 하고 10에서 6을 뺀 다음 남은 2와 더하면 6이 됩니다.

**놀이터** 13−5를 앞의 수 13을 3과 10으로 가르기 하여 계산할 수 있도록 지도해 주세요.

**30**

메모

매일매일 공부 습관을 길러 주는
미래엔의 신개념 학습지

하루 한장

Mirae N 에듀